内部使用

Jiaotong Yunshu Baomi Gongzuo Zhishi Shouce

交通运输保密工作知识手册

◎交通运输部保密办　编

内容提要

本书以问答形式，就部机关和部属单位日常保密工作中经常遇到的117个问题进行了解答，内容力争覆盖保密工作的主要环节。为加深理解和便于工作，还按类别摘录了典型案例，汇总了交通运输系统保密工作常用的法规及文件，并精心绘制了相关插图。

本书可以作为交通运输系统保密宣传教育辅导材料，供机关工作人员、新进人员学习使用。

图书在版编目（CIP）数据

交通运输保密工作知识手册 / 交通运输部保密办编. —北京：人民交通出版社，2014.3
ISBN 978-7-114-11139-6

Ⅰ.①交… Ⅱ.①交… Ⅲ.①交通运输系统—保密—工作—中国—手册 Ⅳ.①F512-62②D631.3-62

中国版本图书馆CIP数据核字(2013)第011560号

书　　名：交通运输保密工作知识手册
著 作 者：交通运输部保密办
责任编辑：刘　君
出版发行：人民交通出版社
地　　址：(100011) 北京市朝阳区安定门外外馆斜街3号
网　　址：http://www.ccpress.com.cn
销售电话：(010)59757973
总 经 销：人民交通出版社发行部
经　　销：各地新华书店
印　　刷：中国电影出版社印刷厂
开　　本：880×1230　1/32
印　　张：8
字　　数：142千
版　　次：2014年3月　第1版
印　　次：2014年3月　第1次印刷
书　　号：ISBN 978-7-114-11139-6
定　　价：48.00元

《交通运输保密工作知识手册》

编写组

EDITORIAL COMMITTEE

主　　编：杨　咏

副 主 编：李　扬　黄小平　刘　鹏

编写成员：刘　民　邹　力　吴立明

耿晋军　李竞新　张　奇

王振宇　殷　斌　李　辉

统　　稿：吴立明　耿晋军

前言

FOREWORD

2014年3月1日，《中华人民共和国保守国家秘密法实施条例》正式施行。为深入贯彻落实交通运输部党组和部保密委员会关于切实加强新形势下保密工作的相关要求，进一步提高交通运输系统广大领导干部和涉密人员的保密意识，普及保密知识，提高防范技能，我们结合交通运输系统保密工作实际，依据相关保密法律法规，组织编写了《交通运输保密工作知识手册》。

本书以问答形式，就部机关和部属单位日常保密工作中经常遇到的117个问题进行了解答，内容力争覆盖保密工作的主要环节。为加深理解和便于工作，还按类别摘录了典型案例，汇总了交通运输系统保密工作常用的法规及文件。人民交通出版社还为本书精心绘制了相关插图。

本书可以作为交通运输系统保密宣传教育辅导材料，供机关工作人员、新进人员学习使用。本书编写如有疏漏之处，望读者批评指正。

编写组

二〇一四年三月

目录

CONTENTS

第一部分　保密基础知识问答

第二部分 涉密计算机及网络安全保密知识问答

第三部分　失泄密案例选编

第四部分　保密法规文件汇编

第一部分

保密基础知识问答

一、国家秘密、工作秘密

1. 什么是国家秘密?

国家秘密是指关系国家安全和利益，依照法定程序确定，在一定时间内只限一定范围的人员知悉的事项。

国家秘密必须具备以下三项要素:

（1）“关系国家安全和利益”，是构成国家秘密的实质要素，是指某一事项一旦泄露会使国家安全和利益受到损害。这是国家秘密的本质属性。

（2）“依照法定程序确定”，是构成国家秘密的程序要素，是指根据定密权限，按照国家秘密及其密级具体范围的规定，确定国家秘密的密级、保密期限、知悉范围，并做出国家秘密标志，做到权限法定、依据法定、内容法定、标志法定。一项关系国家安全和利益的事项，只有依照法定程序确定为国家秘密，才具有国家秘密的法律地位，受到法律保护。

（3）“在一定时间内只限一定范围的人员知悉”，是构成国家秘密的时空要素，是指关系国家安全和利益的秘密事项，在依照法定程序确定为国家秘密后，应当限定在一定的时间和空间范围内，即在保密期限内，不能超出限定的知悉范围。

2. 国家秘密的基本范围是什么？

根据保密法规定，下列涉及国家安全和利益的事项，泄露后可能损害国家在政治、经济、国防、外交等领域的安全和利益的，应当确定为国家秘密：

（1）国家事务重大决策中的秘密事项；

（2）国防建设和武装力量活动中的秘密事项；

（3）外交和外事活动中的秘密事项以及对外承担保密义务的秘密事项；

（4）国民经济和社会发展中的秘密事项；

（5）科学技术中的秘密事项；

（6）维护国家安全活动和追查刑事犯罪中的秘密事项；

（7）经国家保密行政管理部门确定的其他秘密事项。

政党的秘密事项中符合上述规定的，属于国家秘密。

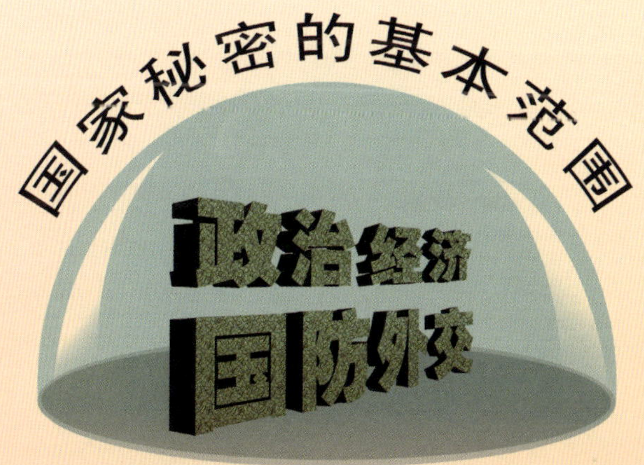

3. 国家秘密分哪几个等级？

国家秘密的密级分为绝密、机密、秘密三级。

（1）绝密级国家秘密，是最重要的国家秘密，泄露会使国家安全和利益遭受特别严重的损害。

（2）机密级国家秘密，是重要的国家秘密，泄露会使国家安全和利益遭受严重的损害。

（3）秘密级国家秘密，是一般的国家秘密，泄露会使国家安全和利益遭受损害。

为准确界定国家秘密的等级，使“关系国家安全和利益”的事项具体化、标准化，更便于操作，国家保密行政管理部门将有关“关系国家安全和利益”事项泄密会造成的后果分类归纳为7大类，共40个小类，统称“关系国家安全和利益的定义群”，作为制定或调整保密事项范围的依据。

7大类泄密后果分别是：危害国家防御能力；危害国家政权的巩固和使国家机关依法行使职权失去保障；影响国家统一、民族团结和社会安定；妨碍国家外交、外事活动正常进行；损害国家经济利益和科技优势；妨碍国家重要保卫对象和保卫目标安全；妨碍国家秘密情报的获取和削弱保密措施有效性。

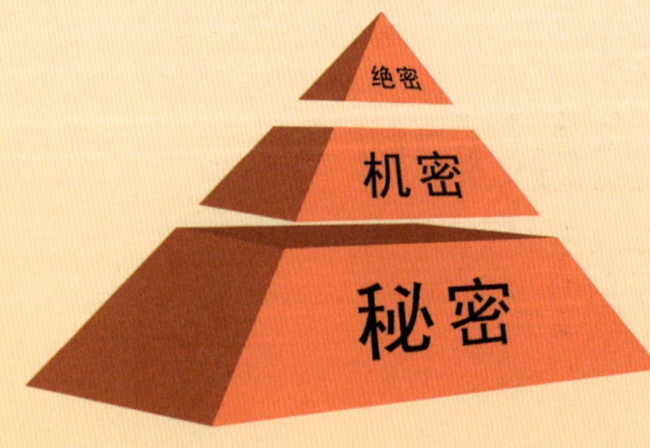

4. 国家秘密的确定依据是什么？

国家秘密及其密级的具体范围，简称保密事项范围，是确定、变更和解除国家秘密事项的具体标准和依据。

保密事项范围由国家保密行政管理部门分别会同外交、公安、国家安全和其他中央有关机关规定。军事方面的国家秘密及其密级的具体范围，由中央军事委员会规定。

保密事项范围规定不同行业、领域的国家秘密事项和密级，是对国家秘密基本范围的具体化，是机关、单位确定国家秘密的重要依据，由国家秘密范围和国家秘密目录两部分构成。保密事项范围应当根据情况变化及时调整。

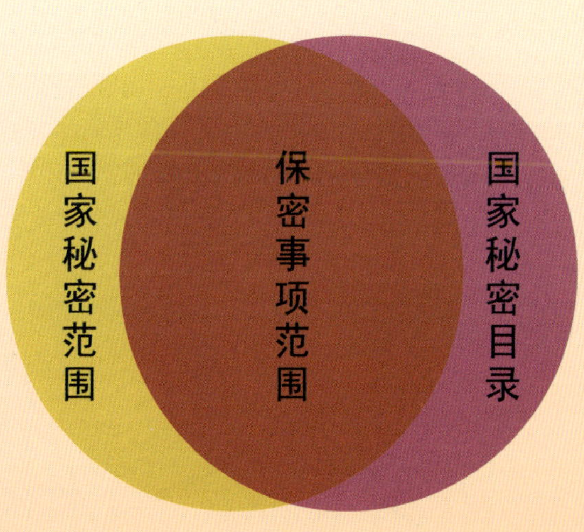

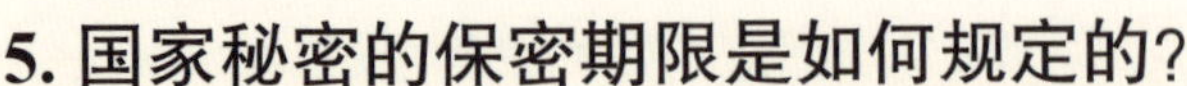

5. 国家秘密的保密期限是如何规定的？

国家秘密的保密期限，应当根据事项的性质和特点，按照维护国家安全和利益的需要，限定在必要的期限内；不能确定期限的，应当确定解密的条件。

国家秘密的保密期限，除另有规定外，绝密级不超过 30 年，机密级不超过 20 年，秘密级不超过 10 年。

机关、单位应当根据工作需要，确定具体的保密期限、解密时间或者解密条件。

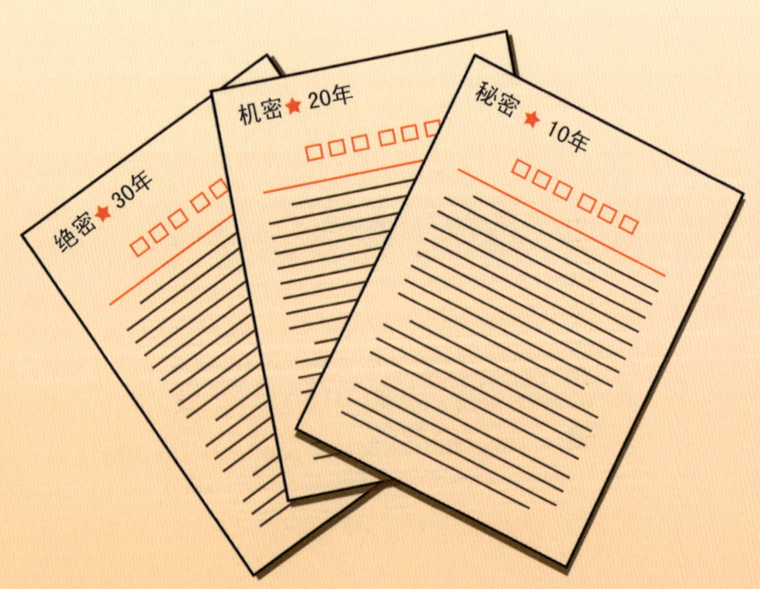

6. 国家秘密的知悉范围是如何规定的？

准确、适当地确定国家秘密的知悉范围，是确保国家秘密处于可控范围之内并采取相应保密防护措施的重要前提。

确定知悉范围有两个基本原则：

（1）工作需要原则。应当根据工作需要确定，不应简单地把知悉国家秘密视作一种政治待遇，或者把行政级别作为确定国家秘密知悉范围的依据。将工作需要作为知悉国家秘密的前提条件，也是国际通行做法。

（2）最小化原则。在可能的情况下，应当把知悉范围限定到最小。能够限定到具体人员的，限定到具体人员；不能限定到具体人员的，限定到机关、单位，由机关、单位限定到具体人员。

国家秘密知悉范围以外的人员，因工作需要知悉国家秘密的，应当经过机关、单位负责人批准。

任何机关、单位或者个人不得向无直接业务关系或者无隶属关系的机关、单位发送、索要涉密文件信息资料。对违反规定发送或者索要的，应当退回或者拒绝。

7. 哪些机关、单位有定密权？

确定国家秘密的密级，应当遵守定密权限。

中央国家机关、省级机关及其授权的机关、单位可以确定绝密级、机密级和秘密级国家秘密；设区的市、自治州一级的机关及其授权的机关、单位可以确定机密级和秘密级国家秘密。具体的定密权限、授权范围由国家保密行政管理部门确定。

公安、国家安全机关在其工作范围内按照规定的权限确定国家秘密的密级。

上级机关、单位对某一事项已经定密的，机关、单位在执行时应按该事项已定密级确定。

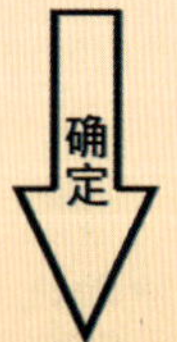

8. 定密责任人的主要职责是什么？

定密责任人包括两类人员。一是机关、单位的负责人；二是特别指定的人员。机关、单位主要负责人对定密工作负总责。分管业务工作涉及国家秘密的负责人，应当确定为定密责任人。机关、单位负责人一经任命，即是本机关、本单位的定密负责人，不需履行确定程序。

机关、单位可以根据工作需要，指定若干其他人员为定密责任人。需要指定定密责任人的，主要有两种情况：一是定密工作量大的机关、单位，如中央国家机关、省级党政领导机关和重要涉密单位；二是业务工作具有特殊保密要求的机关、单位，如公安、国家安全、纪检监察机关和武器装备科研生产单位等。

定密责任人的职责既包括按照保密事项范围确定国家秘密，也包括根据情况变化变更和解除国家秘密。具体职责有：

（1）审核批准本机关、本单位产生的国家秘密的密级、保密期限和知悉范围。

（2）对本机关、本单位产生的尚在保密期限内的国家秘密进行年度审核，做出维持、变更或者解除的决定。

（3）对是否属于国家秘密和属于何种密级不明确的事项先拟定密级，并按照规定的程序报有关保密行政管理部门确定。

9. 国家秘密如何定密？

国家秘密定密工作应当严格依照法定程序进行。依照法定程序，是指根据定密权限，按照保密事项范围的规定，确定国家秘密的密级、保密期限、知悉范围，并做出国家秘密标志，做到权限法定、依据法定、内容法定、标志法定。

定密工作的基本程序是，先由承办人对照保密事项范围提出定密的具体意见，再由定密责任人审核批准。

在定密的同时，还要对国家秘密载体以及属于国家秘密的设备、产品做出国家秘密标志。

10. 国家秘密如何标志？

国家秘密标志是一种法定的文字与符号标识，用以表明所标识的物品（载体以及设备、产品等）承载内容属于国家秘密，并提示其密级和保密期限。机关、单位对其制作的国家秘密载体必须标注密级、保密期限，这是法定的强制要求，目的在于提示并要求知悉范围内的机关、单位和人员采取保护措施，承担相应的保密义务，同时也提示知悉范围外偶然获得国家秘密载体的人员，有责任对其履行保密义务，对国家秘密进行妥善保护。做出国家秘密标志，对于有效保护国家秘密的安全，具有十分重要的作用。

国家秘密标志，可以根据不同的载体形式采用不同的标注方式，但应当易于识别。

书面形式的载体应在封面或首页做出国家秘密标志；地图、图纸、图表则在其标题之后或者下方适当位置做出国家秘密标志。

非书面形式的载体，要以能够明显识别的方式予以标注；凡有包装（套、盒、袋等）的载体，应以恰当方式在载体包装上标注。

汇编涉密文件、资料，应对各独立文件、资料做出标志，并在封面或者首页以其中最高密级和最长保密期限做出标志。

摘录、引用属于国家秘密内容的，应按照其中最高密级和最长保密期限做出标志。

电子文档中含有国家秘密内容的，应做出国家秘密标志，且国家秘密标志应与文档正文不可分离。

对不能或不宜做出国家秘密标志的，包括一些特殊的属于国家秘密的设备、产品，产生或制作机关、单位应做出文字记载，并将其密级和保密期限及时通知知悉范围内的机关、单位或人员。

国家秘密标志专用于标注各类国家秘密载体和属于国家秘密的设备、产品，商业秘密、工作秘密、个人隐私及其他不属于国家秘密的不得使用国家秘密标志。

（1）国家秘密标志的组成：

①密级——“绝密”、“机密”、“秘密”；

②国家秘密的标识符——“★”；

③保密期限——以年或月计，特殊情况也可以是长期。

（2）国家秘密标志示例：

①“绝密★长期”，在这个标志中，表示该文件是绝密级，保密期限是长期；

②“机密★10年”，在这个标志中，表示该文件为机密级，保密期限为10年；

③“秘密★6个月”，在这个标志中，表示该文件为秘密级，保密期限为6个月。

有时国家秘密的标志只有两部分组成，只标出密级和标识符，如：“机密★”，这种类型的标志也是有保密期限的，即相应密级所允许的最高保密期限，如果是机密级，它的保密期限就是20年。

11. 国家秘密如何变更？

国家秘密变更的内容，包括密级的降低或提高、保密期限的缩短或延长、知悉范围的缩小或扩大。三者既可以单独变更，也可以同时变更。国家秘密的密级如有下列情形之一的，应当及时变更：一是国家秘密确定时所依据的保密事项范围已作调整；二是该事项泄露后对国家安全和利益的损害程度发生明显变化。

国家秘密变更，由原定密机关、单位确定，也可以由其上级机关决定。变更后，应及时以书面形式通知知悉范围内的机关、单位和人员。接到通知的有关机关、单位和人员，应当在原涉密载体上做出国家秘密变更后的标志。

非本机关、本单位确定的国家秘密事项，需要变更的，可以向原定密机关、单位或其上级机关或有关保密行政管理部门提出建议，不得自行变更。

12. 国家秘密如何解除?

国家秘密的解除，是定密工作的重要组成部分。对不需要保密的事项及时解密，有利于节约保密资源，集中人力、物力和财力做好国家秘密的保护工作，有利于信息资源的合理利用。

解密主要有两种方式:

（1）自行解密，即保密期限已满的国家秘密事项自行解密。机关、单位对于保管、使用的国家秘密保密期限已满而未收到有关机关、单位延长保密期限通知的，可以认定该项国家秘密已经自行解密，不需要继续履行相应的保密义务。

（2）审查解密。机关、单位应当定期审核所确定的国家秘密事项，特别是保密期限即将届满的国家秘密事项。对在保密期限内的因保密事项范围调整不再作为国家秘密的事项，或者公开后不会损害国家安全和利益，不需要继续保密的，应当及时解密，并通知原知悉范围内的机关、单位和人员。

解密的国家秘密事项并不意味着可以公开。有的国家秘密事项解密后，可能需要作为工作秘密或内部事项进行管理。需要公开的，应当由解密的机关、单位经过审查后做出决定。

13. 什么是工作秘密？

工作秘密也称内部工作事项，是指各级机关、单位在公务活动和内部管理中产生的，在一定时间内不宜对外公开，一旦泄露会直接干扰机关、单位正常工作秩序，影响其正常行使管理职能的事项和信息。

工作秘密（内部工作事项）需要同时具备以下三个条件：

（1）必须是有关部门职能活动中产生的事项，其生成主体应当是具有行政管理职能的各级机关、单位以及依法行使管理职能或关系国家安全和利益的企事业单位。

（2）必须是依法不得公开的事项，必须符合《政府信息公开条例》第八条规定，随意公开或泄露会影响国家机关公务活动的正常开展和内部管理的有序进行，影响国家机关顺利履行国家赋予的权力和职责。

（3）必须在内部采取了相应的管控措施，被明确作为内部管控事项。

14. 如何保护工作秘密?

（1）明确本单位产生的工作秘密的范围。

（2）建立健全保护工作秘密的管理制度。

（3）坚持“谁管理，谁负责；谁提供，谁审批”的工作原则。

（4）工作秘密外泄，尤其是对国家机关公务活动造成不良影响或危害的，应当按照《中华人民共和国公务员法》的规定，追究有关责任人的行政责任。

15. 国家秘密与工作秘密和商业秘密的区别是什么？

（1）国家秘密与工作秘密的区别在于：

①法律性质不同。国家秘密是事关国家安全和利益的重要事项，工作秘密则是仅与党政机关的公务活动有关的不宜公开的内部情况、资料、信息，泄露工作秘密一般不会直接危害国家的安全和利益，而仅对党政机关的管理秩序构成一定的损害。

②确定程序不同。国家秘密必须依照法定程序确定，而工作秘密则由党政机关根据公务活动的需要自行确定。

③等级不同。国家秘密根据法律规定划分为绝密、机密、秘密三个等级，而工作秘密则无等级划分，一般以标注“内部文件”、“内部资料”、“内部事项”等方式作出提示。

④产生领域不同。国家秘密既可能产生于党政机关的公务活动，也可能产生于其他组织、团体的活动，而工作秘密则只能产生于党政机关的公务活动。

⑤法律责任不同。国家秘密受《中华人民共和国保守国家秘密法》保护，泄露国家秘密的法律责任形式是刑事责任和行政责任，工作秘密受《中华人民共和国公务员法》保护，泄露工作秘密的法律责任形式是行政责任。

（2）国家秘密与商业秘密的区别在于：

①法律性质不同。国家秘密体现公权力，其权利主体是国家，而商业秘密体现私权利，其权利主体是技术、经营信息的发明人或者其他合法所有人、使用人。

②确定程序不同。国家秘密必须依照法定程序确定，而商业秘密的确定视权利人的意志而定。

③国家秘密不能自由转让，而商业秘密则可以进入市场自由转让。

④法律保护水平不同。对国家秘密，有专门的保护法及其配套法规予以保护，而商业秘密受《中华人民共和国反不正当竞争法》保护，主要由权利人自行管理。泄露国家秘密的法律责任主要是刑事责任和行政责任，而侵犯商业秘密承担的法律责任主要是民事责任，只有当侵犯商业秘密行为造成权利人重大经济损失或者有其他严重后果的，才能追究刑事责任。

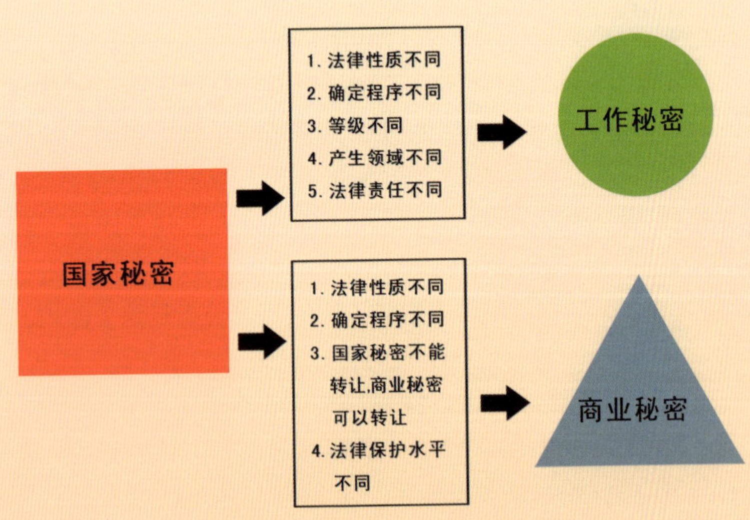

16. “不明确”和“有争议”事项的密级如何确定？

机关、单位对是否属于国家秘密或者属于何种密级不明确或者有争议的，由国家保密行政管理部门或者省、自治区、直辖市保密行政管理部门确定。

对是否属于国家秘密或者属于何种密级不明确的，机关、单位应当先行拟定密级并采取保密措施，逐级报至有权确定该事项密级的保密行政管理部门确定，保密行政管理部门应当及时做出决定。

合法知悉国家秘密事项的机关、单位对某一事项是否属于国家秘密或者属于何种密级持有不同意见，向原定密机关、单位提出异议未被接受的，争议各方均可向有相应密级确定权的保密行政管理部门提出。在定密争议解决前，争议双方应当按照原定密级对有关事项继续采取相应的保密措施。国家秘密知悉范围内的人员对所知悉的已确定密级的事项认为定密不当的，可以通过其所在机关、单位向原定密机关、单位提出意见。

二、涉密人员

17. 涉密人员应具备哪些基本条件?

任用、聘用涉密人员应当按照有关规定进行审查。涉密人员应当具有良好的政治素质和品行，具有胜任涉密岗位所要求的业务素质和工作能力。具体来讲，涉密人员应具备下列基本条件：

（1）具有中华人民共和国国籍；

（2）热爱祖国，拥护中华人民共和国宪法；

（3）诚实可靠，品行端正；

（4）具有涉密岗位要求的业务素质和能力。

下列人员不得任用、聘用为涉密人员：

（1）曾受过刑事处罚的；

（2）曾被开除公职的；

（3）有吸毒、赌博、酗酒等不良嗜好的；

（4）曾因严重违反保密规定被调离涉密岗位的。

18. 涉密人员是如何划分的?

按照保密法规定，在涉密岗位上工作的人员，应当确定为涉密人员。机关、单位应当按照岗位涉密程度的不同，确定涉密人员类别，采取不同的管理措施，实行分类管理。

日常工作中产生、经管或者经常接触、知悉绝密级国家秘密事项的岗位为核心涉密岗位，在核心涉密岗位工作的人员为核心涉密人员。

日常工作中产生、经管或者经常接触、知悉机密级国家秘密事项的岗位为重要涉密岗位，在重要涉密岗位工作的人员为重要涉密人员。

日常工作中产生、经管或者经常接触、知悉秘密级国家秘密事项的岗位为一般涉密岗位，在一般涉密岗位工作的人员为一般涉密人员。

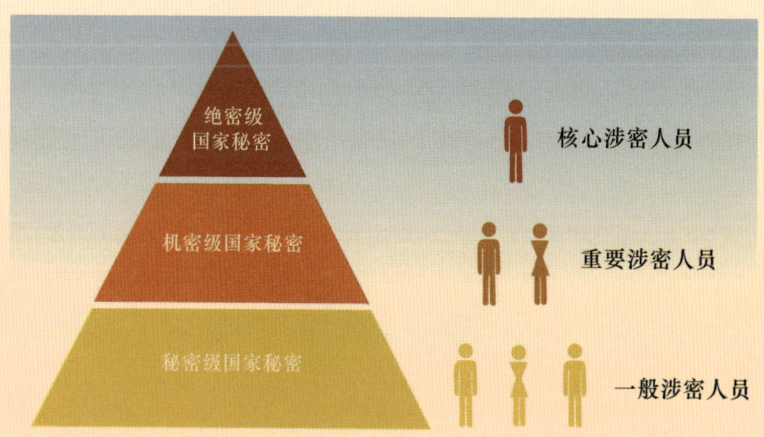

19. 涉密人员上岗有哪些保密要求？

涉密人员上岗应该遵守以下保密要求：

（1）主动接受保密教育培训。通过接受教育培训，认识新形势下窃密与反窃密斗争的严峻形势，坚定理想信念，增强敌情观念，强化保密意识，提高防渗透、防策反、防泄密的意识和能力，筑牢保守国家秘密的思想防线。

（2）掌握保密知识技能。既要认真学习保密法律法规知识，熟悉应当承担的保密责任和义务，时刻以保密法律法规规范和约束自己的行为，又要认真学习保密知识技能，特别是现代信息技术知识和技能，及时发现并杜绝泄密隐患和漏洞，真正做到懂保密、会保密、善保密。

（3）签订保密承诺书。涉密人员上岗应当签订保密承诺书，承诺了解并遵守各项保密制度，知悉并履行保密义务，自愿接受保密审查并承担法律责任等。

（4）自觉接受保密监督检查。涉密人员无论职务高低、处于何种岗位，都应该自觉接受保密监督检查和考核，积极支持配合监督检查工作，发现问题及时纠正。这是对涉密人员的一项纪律要求，是必须履行的义务，也是对涉密人员的保护。

20. 涉密人员离岗或离职有哪些保密要求?

涉密人员离岗或离职对知悉的国家秘密仍然负有保密义务，应当遵守以下保密要求：

（1）清退个人持有和使用的国家秘密载体及涉密信息设备，并办理移交手续。

（2）签订离岗保密承诺书，作出继续履行保密业务，不泄露所知悉国家秘密的承诺。

（3）遵守脱密期管理规定，包括脱密期内未经审查批准，不得擅自出境，不得到境外驻华机构、组织或者外资企业工作，不得为境外组织、人员或者外资企业提供劳务、咨询或者服务等。

21. 涉密人员应当报告哪些重大事项?

实行涉密人员重大事项报告制度，有利于机关、单位及时掌握涉密人员动态，排除窃密、泄密隐患，同时也有利于保护涉密人员。因情况变化不适合在涉密岗位工作的，机关、单位应当及时调整。

涉密人员须报告以下重大事项：

（1）发生泄密或者造成重大泄密隐患的；

（2）发现针对本人渗透、策反行为的；

（3）接受境外机构、组织及非亲属人员资助的；

（4）与境外人员结婚的；

（5）配偶、子女获得境外永久居留资格或者取得外国国籍的；

（6）其他可能影响国家秘密安全的个人情报。

22. 涉密人员出境有哪些保密要求？

（1）严格实行出境审批制度。涉密人员因公出境，应按照外事、干部人事管理权限和程序审批。涉密人员因私出境的，应当按照干部人事管理权限审批。涉密人员出境可能对国家安全造成危害或者对国家利益造成重大损失的，有关主管部门和公安机关、国家安全机关可以不予批准。

（2）严格携带涉密载体出境审批程序。确因工作需要，且目的地不通外交信使，携带机密级国家秘密载体出境的，应当经中央和国家机关保密工作机构或省、自治区、直辖市保密行政管理部门批准。携带秘密级国家秘密载体出境的，应当经中央和国家机关保密工作机构或地市级（含）以上地方保密行政管理部门批准。绝密级国家秘密载体不得携带出境。

（3）涉密人员在境外遇到盘问、利诱、胁迫或者其他重大异常情况的，应当及时报告。

23. 涉密人员投寄稿件、发表著作应注意哪些保密事项?

向报刊杂志、出版社、电台、电视台等投寄稿件、音像资料，发表文章、著作，在公共信息网络上发布信息，不得涉及国家秘密，凡涉及本系统、本单位业务工作或对是否涉及国家秘密界限不清的，应当事先经本单位或者上级机关、单位审定。

拟向境外新闻出版机构提供报道、出版涉及国家政治、经济、外交、科技、军事等方面内容的，应当事先经本单位或上级机关、单位审定。向境外投寄稿件，应当按照国家有关规定办理。

24. 机关工作人员应牢记的保密工作要点有哪些？

（1）机关工作人员必须严格遵守各项保密法规，严格履行保守国家秘密的义务。

（2）坚持“谁产生、谁负责，谁主管、谁负责”的原则，落实保密工作管理责任制，单位主要领导承担主要责任，分管领导承担直接责任。

（3）政府信息公开保密审查工作应遵循“谁公开、谁审查”、“事前审查”和“依法审查”的原则。

（4）本单位产生的国家秘密事项，必须依照保密范围及时准确确定密级和保密期限，限定知悉范围，并在秘密载体上做出标志。

（5）阅办秘密文件、资料必须履行登记手续，用完后及时清退，不得自行横传；不得擅自复制、摘抄、提供、销毁或私自留存秘密文件、资料；不在非保密笔记本上记录秘密事项。

（6）不允许擅自复印绝密级文件资料和密码电报；复印机密级及以下文件资料须经本单位领导批准，复印件视同原件管理。

（7）涉密文件资料必须在涉密打印机上打印或由部办公厅文印室印制。

（8）汇编涉密文件资料须经发文单位同意，按密级最高的文件标密，按最小发放范围发放和管理。

（9）销毁涉密文件资料必须经领导批准，严格登记销毁记录；所有文件资料（含废旧报纸、杂志等）必须交部保密办指定的销毁单位集中统一销毁。

（10）到部外单位取送绝密文件和密码电报必须专人专车，两人以上同行。

（11）传递国家秘密载体必须交专门部门（如机要交通部门、机要通信部门），不得通过普通邮政、快递邮寄或交给无关人员捎带；在市内传递秘密载体，可以通过机要文件交换站进行。

（12）严禁在普通电话和手机上谈论国家秘密事项。

（13）处理涉密文电,必须坚持密来密复,严禁密电明复,明密混用。

（14）涉密信息不上网，上网信息不涉密，涉密信息公开必须经过保密审查。

（15）各类涉密现代办公用品，必须采取保密防范措施后才能投入使用。

（16）不得在保密要害部位接待外部人员来访；涉密信息处理场所未经单位领导批准，无关人员不得进入。

（17）涉密会议要严格管理，控制参会人员，禁止使用无线话筒，启用手机干扰器，相关的宣传报道必须报经单位领导审批，会议文件要严格管理。

（18）重大涉外活动必须拟定保密方案，采取保密措施；对拟提供的文件资料进行保密审查；参加外事活动，不得擅自携带秘密文件、资料。

（19）领导干部要带头严格保守党和国家秘密，不在家属、亲友、熟人和其他无关人员面前谈论党和国家秘密；不在涉外活动及公开发表的文章、著作中涉及党和国家秘密。

（20）发生或发现泄密事件或泄密隐患要及时报告，果断采取补救措施，避免或减轻国家损失；发现泄密事件隐匿不报致使国家继续遭受损失的，要承担相应的法律和行政责任。

25. 什么是故意泄密？什么是过失泄密？

故意泄密是指行为人明知自己的行为将造成国家秘密失控，会给国家的安全和利益造成损害，却希望或放任这种结果的发生。

过失泄密是指行为人应当预见到自己的行为会造成泄露国家秘密的后果，却因思想麻痹、疏忽大意，不按照有关规定对国家秘密实施有效的管理而泄露国家秘密，或虽然已经预见到自己的行为会造成泄露国家秘密的后果，却因为过于自信、心存侥幸，而泄露了国家秘密。

情节严重的过失泄密也是一种犯罪行为。根据保密法的规定，无论是故意泄密还是过失泄密，只要是“情节严重的”都要追究刑事责任。

26. 当前容易发生泄密的主要行为有哪些？

（1）擅自将涉密文件资料带出办公（保密）场所。

（2）在家中或公共场所随意谈论国家秘密。

（3）擅自将无关人员带入涉密部位或将境外人员带入非开放地区、单位。

（4）对外交往中，擅自提供涉密文件资料。

（5）参加国际学术交流或向境外邮寄的资料未经保密审查或审查不严。

（6）在公开发表的新闻报道、论文、著述中引用未经批准的涉密信息。

（7）发布到国际互联网等公共信息网的信息，未经保密审查或审查不严。

（8）涉密会议擅自扩大参加范围，会场未采取保密措施，涉密文件、资料未按规定上交。

（9）通过手机、普通电话、普通传真机、普通邮政谈论、传递国家秘密。

（10）国家秘密载体丢失或被盗。

（11）涉密文件起草过程中的草稿、草图等未按保密规定管理。

（12）擅自复制涉密载体，复制件未按原件进行管理。

（13）涉密载体未经保密定点单位回收或未按规定销毁。

（14）在连接国际互联网等公共信息网的计算机上处理、存储、传输涉密信息。

（15）涉密计算机及其网络与国际互联网等公共信息网

没有实现物理隔离。

（16）在办公内网环境下使用无线键盘、无线鼠标、蓝牙、红外、多功能一体机等设备导致涉密信息泄露。

（17）涉密存储载体（软盘、光盘、优盘、移动硬盘、各类存储卡等）在非涉密计算机及其网络中使用。

（18）涉密笔记本电脑擅自外带，造成失控、丢失或被盗等。

（19）在外网邮箱、微信、QQ、MSN 等通信软件上处理涉密信息。

27. 发现泄密后应如何处理？

任何人发现国家秘密已经泄露或者可能泄露时，应当立即采取补救措施并及时报告其所在单位主管保密工作的领导，由其所在单位书面向部保密办报告，如果通过网络发生的泄密，还应同时报信息化管理部门和网管中心。情况紧急时，可先口头报告简要情况。

报告泄密事件，应当包括以下内容：

（1）被泄露国家秘密事项的内容、密级、数量及其载体形式；

（2）泄密事件的发现经过；

（3）泄密责任人的基本情况；

（4）泄密事件发生的时间、地点及经过；

（5）泄密事件造成或可能造成的危害；

（6）已进行或拟进行的查处工作情况；

（7）已采取或拟采取的补救措施。

三、涉密载体

28. 涉密载体主要包括哪些？

涉密载体是指以文字、数据、符号、图形、图像、声音等方式记载国家秘密信息的纸介质、光介质、电磁介质等各类物品。

纸介质涉密载体是指传统的纸质涉密文件、资料、书刊、图纸等。

光介质涉密载体是指利用激光原理写入和读取涉密信息的存储介质，包括 CD、VCD、DVD 等各类光盘。

电磁介质涉密载体包括电子介质和磁介质两种类型。电子介质涉密载体是指利用电子原理写入和读取涉密信息的存储介质，包括各类 U 盘、移动硬盘、存储卡、记忆棒等；磁介质涉密载体是指利用磁原理写入和读取涉密信息的存储介质，包括硬盘、软盘、磁带等。

另外，具有信息存储功能的打印机、复印机、扫描仪、传真机、照相机、摄像机等也都属于涉密存储设备。

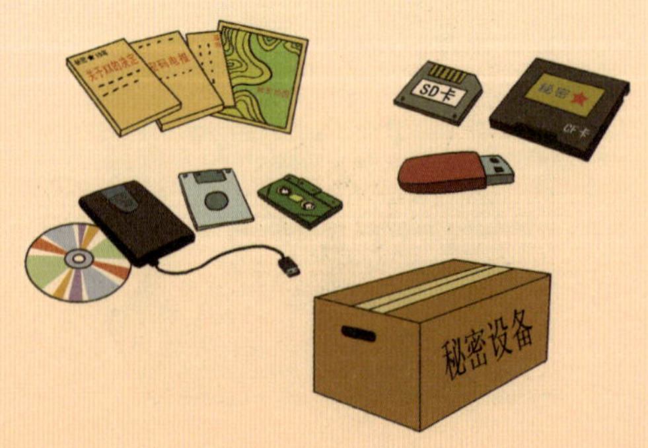

29. 制作和复制涉密载体有哪些保密要求？

（1）制作涉密载体，应标明密级和保密期限，注明发放范围、制作数量及编号；制作场所要符合保密要求，使用电子设备的应当采取防电磁泄漏保密措施；制作过程中形成的不需归档的材料要及时销毁。

（2）复制涉密载体，应当经过本机关、本单位负责人批准，且不得改变密级、保密期限和知悉范围；要履行登记手续，复制件加盖复制机关、单位复印戳记，并视同原件管理。

（3）制作、复制涉密载体，应在机关、单位内部或在保密行政管理部门审查批准的定点单位进行。

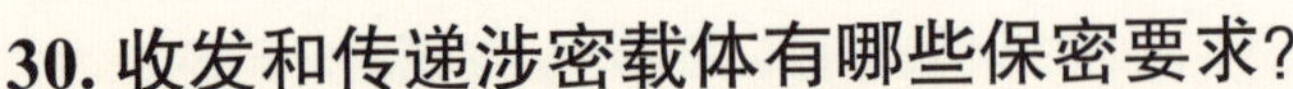

30. 收发和传递涉密载体有哪些保密要求？

（1）收发涉密载体，应当履行清点、登记、编号、签收手续。

（2）传递涉密载体，要通过机要交通或机要通信部门，不得通过普通邮政、快递等无保密措施的渠道传递；指派专人传递时，要选择安全的交通工具和交通路线，并采取安全保密措施；设有机要文件交换站的城市，在市内传递机密级、秘密级涉密载体，可以通过机要交换站进行。向驻外机构传递涉密载体，应当按照有关规定履行审批手续，通过外交信使传递。

31. 使用和保存涉密载体有哪些保密要求？

（1）使用涉密载体，要根据密级和制发机关、单位要求，确定知悉人员范围；办理登记、签收手续，应在符合保密要求的办公场所阅读、使用。

（2）查阅、收听、观看涉及国家秘密的信息，要严格遵守保密规定，未经批准，不得擅自记录、录音、录像。

（3）汇编涉密文件、资料，要经过制发机关、单位批准，不得改变密级、保密期限和知悉范围，汇编后形成的涉密载体，应按其中最高密级和最长保密期限标志和管理。

（4）摘录、引用国家秘密内容形成的涉密载体，应按原件密级、保密期限和知悉范围管理。

（5）确因工作需要携带涉密载体外出或参加涉外活动，须经本机关、本单位领导批准，且采取保密措施，确保涉密载体始终处于有效监控之下。

（6）保存涉密载体时，应选择安全保密的场所和部位，配备必要的保密设备，并定期清查、核对，发现问题及时报告保密行政管理部门。

（7）绝密级载体应由专人保存在安全可靠的保密设备中。

32. 维修和销毁涉密载体有哪些保密要求？

（1）维修涉密载体，应由本机关、本单位专门技术人员负责；需外单位人员维修的，要由本机关、本单位有关人员现场监督；需要送外维修的，应当送保密行政管理部门审查批准的定点单位进行。

（2）销毁涉密载体，应履行清点、登记手续，经机关、单位主管领导批准后，送达国家秘密载体销毁中心销毁，禁止将涉密载体作为废品出售。机关、单位自行销毁的，应严格执行国家有关保密规定和标准，确保秘密信息无法还原。

33. 绝密级涉密载体有哪些特殊保密要求？

管理绝密级涉密载体，除应遵守涉密载体的一般保密管理要求外，还有以下特殊保密要求：必须存放在符合国家保密标准的设施、设备中；阅读和使用必须在指定的符合保密要求的办公场所进行，对接触、知悉人员要作出文字记载；未经原定密机关、单位或者其上级机关批准，不得复制、摘抄；携带外出，必须经本机关、本单位主管领导批准，两人以上同行，指定专人负责，并采取绝对可靠的安全措施；禁止携带绝密级涉密载体参加涉外活动或出境。

34. 机构撤并、干部调整时如何移交、清退涉密载体?

机构撤并时，原机构的涉密载体应根据不同情况，分别移交给制发单位、档案管理部门或合并后的新单位。移交时，须履行登记、签收手续。单位不回收的，要按规定登记销毁。

工作人员调离，或因退休、辞职等原因离开工作岗位，应将个人使用和管理的涉密载体全部清理，退还原工作单位。

四、保密要害部门部位

35. 哪些部门、部位应该确定为保密要害部门、部位？

在日常业务工作中产生、传递、使用和管理绝密级或较多机密级、秘密级国家秘密的内设机构，应确定为保密要害部门。例如，一些单位的战备办、应急办等。

单位内部集中制作、存储、保管国家秘密载体的专门场所，如保密室、档案室、涉密信息系统机房以及涉及国家秘密较多的省部级以上领导干部的办公场所等，应确定为要害部位。临时、短期、少量存放的场所除外。

36. 保密要害部门部位确定应把握什么原则?

（1）分级确定原则。

中央国家机关及直属单位保密要害部门部位由各机关、单位确定，报国家保密行政管理部门确认；省级机关及直属单位保密要害部门部位由各机关、单位确定，报所在省、自治区、直辖市保密行政管理部门确认，并报国家保密行政管理部门备案；中央国家机关下属单位和省级以下机关、单位确定保密要害部门部位，应报中央国家机关保密工作机构或省级保密行政管理部门审核确认。

（2）最小化原则。

保密要害部门应当是机关、单位内部涉及重要国家秘密事项的最小行政单位，或其绝大多数内设部门涉及重要国家秘密事项的行政单位；保密要害部位应当是存放、保管涉密载体的最小专用、独立、固定场所。

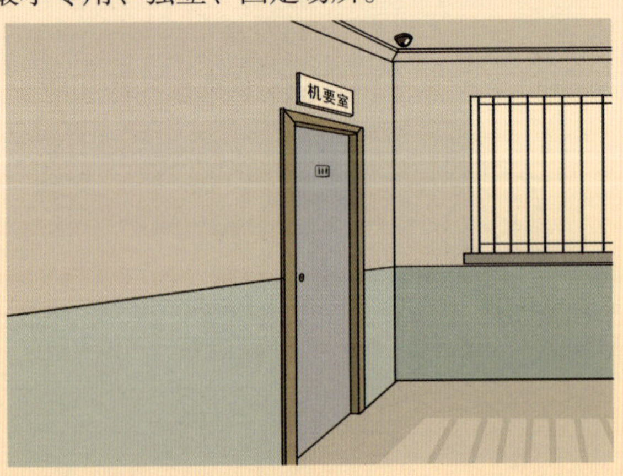

37. 对保密要害部门、部位的管理有哪些要求?

保密要害部门部位管理实行“谁主管，谁负责”的原则，做到严格管理、责任到人，严密防范、确保安全。

（1）由主管保密工作的领导负责，定期研究和布置保密工作。

（2）建立单位保密工作岗位责任制，与要害部门、部位主要负责人及所属工作人员签订保密责任书，将保密工作责任落实到具体人员。

（3）对要害部门、部位工作人员进行经常性的保密教育、培训，并进行涉密资格审查。

（4）结合实际，制订严格的保密管理制度和防范措施，并认真组织落实。

（5）定期检查要害部门、部位管理情况，解决存在问题，组织查处泄密事件。

38. 保密要害部门部位工作人员有哪些保密要求？

保密要害部门部位工作人员上岗前要进行涉密资格审查和保密教育培训，审查合格的应签订保密承诺书，并定期进行在岗保密教育培训和考核。

保密要害部门部位工作人员不得擅自离岗离职或因私出境。保密要害部门部位工作人员因履行保守国家秘密义务，使相关权益受到限制的，有关机关、单位应通过适当方式给予补偿。

39. 保密要害部门部位办公场所有哪些保密要求？

保密要害部门部位应确定进入人员范围，对进入保密要害部门部位的工勤人员，应有严格的保密监督管理办法，严禁无关人员进入保密要害部门部位。

保密要害部门部位应当确定安全控制区域，并根据周边环境特点采取必要的安全防范措施。党政军重要机关、单位办公场所与国（境）外驻华机构之间应保持一定安全距离。

40. 对保密要害部门部位的保密技术防护有哪些要求?

保密要害部门部位要按照国家保密标准配备保密技术防护设备，提高防护水平；对使用的信息设备，要进行保密技术检查检测，特别是进口设备和产品，应事先进行安全技术检查；禁止使用无线电话和手机，未经批准不得带入有录音、录像、拍照、信息存储等功能的设备。

五、专项保密管理和涉密会议、活动

41. 保密检查有什么基本要求?

（1）保密检查的主要内容：

①保密工作责任制落实情况；

②保密制度建设情况；

③保密宣传、教育、培训情况；

④涉密人员管理情况；

⑤国家秘密确定、变更和解除情况；

⑥国家秘密载体管理情况；

⑦信息系统和信息设备保密管理情况；

⑧互联网使用保密管理情况；

⑨保密技术防护设施、设备配备使用情况；

⑩涉密场所及保密要害部门、部位保密管理情况；

⑪涉密会议、活动和涉密货物、工程、服务采购等项目管理情况；

⑫信息公开保密审查情况；

⑬保密检查工作开展情况；

⑭违反保密法律法规行为查处情况；

⑮保密组织机构设置和人员配备情况；

⑯保密法律法规规定的其他检查内容。

（2）保密检查的方式方法：

①专项保密检查。内容单一，重点突出；

②突击性的保密检查。不预先通知，组织专人专项检查；

③预知性的保密检查。预先通知，促使自查整改；

④书面形式的保密检查。书面报告，适当组织抽查；

⑤技术性的保密检查。使用专用检查工具，对涉密计算机及存储介质等进行技术检查。

42. 汇编、摘录和引用国家秘密有哪些规定?

（1）汇编国家秘密文件、资料须经原制发单位批准。

（2）经批准汇编秘密文件、资料时，不得改变原件的密级、保密期限和知悉范围，确需改变的，应当经原制发机关、单位同意。

（3）汇编秘密文件、资料形成的秘密载体，应当按照其中的最高密级、最长保密期限和最小知悉范围管理。

（4）摘录、引用国家秘密的内容形成的秘密载体，应当按照原件密级、保密期限和知悉范围管理。

43. 机关、单位公开发布信息有哪些保密要求?

公开发布信息，既包括行政机关公开发布政府信息，也包括其他机关、单位公开发布信息。

行政机关公开政府信息，应当按照《中华人民共和国政府信息公开条例》规定，建立健全政府信息发布保密审查机制，明确审查的程序和职责。行政机关以外的机关、单位公开发布信息，也应当建立相应的保密审查机制。

机关、单位公开发布信息应当遵循“谁公开、谁审查、事前审查、依法审查”原则，严格执行信息提供部门自审、信息公开工作机构专门审查、主管领导审核批准的工作程序。对不能确定是否涉及国家秘密的事项，应当报上级主管部门或者同级保密行政管理部门确定。

机关、单位应加强公开发布信息保密审查的组织领导，落实承办机构和责任人员，规范审查程序，加强监督管理。

在政府门户网站登载信息应严格遵守信息公开保密审查制度，对拟在政府门户网站上登载的信息进行严格的保密审查，确保涉密信息不上网、上网信息不涉密。

44. 交通运输政务信息公开保密审查的程序有哪些?

依照有关法律法规，遵循“谁公开、谁审查，事前审查、依法审查”的原则，对拟公开的交通运输政府信息进行保密审查：

（1）信息产生单位对拟公开的信息进行保密审查，并填写《交通运输政府信息公开保密审查表》，由本单位领导审核，加盖公章后送有关信息公开发布部门对外公开。

（2）涉及多个部门、单位、处室的信息或综合性信息，由交通运输政府信息公开工作机构协调有关单位进行保密审查。

（3）各单位在保密审查过程中不能确定是否涉及国家秘密时，要说明信息来源及本单位的保密审查意见，报有关主管部门或者同级保密工作部门确定。

45. 涉密会议、活动的主办和承办单位的保密职责有哪些?

涉密会议、活动的保密工作实行“谁主办、谁负责”的原则，主办单位应制订保密工作方案，根据会议、活动的主题、内容或文件资料涉及国家秘密的最高密级，及时确定会议、活动的密级，对参加人员提出保密要求，明确专人负责督促落实。重大涉密会议、活动应当请保密行政管理部门对保密工作进行监督和指导，并提供必要的安全保密技术服务保障。

承办单位要按照主办单位要求，提供安全保密的环境、设施和设备，并对工作人员进行保密教育，明确工作人员的保密责任，要求其做好保密保障服务工作。

46. 涉密会议、活动主办单位应当采取哪些保密措施?

涉密会议、活动主办单位应当采取以下保密措施:

（1）严格参加人员审查。主办单位应根据会议、活动涉密程度和工作需要，确定参加人员范围，审核参加人员资格，登记参加人员姓名、单位职务等情况，并保存相关材料。

（2）严格涉密载体管理。主办单位应严格执行国家有关保密管理规定，对什么会议、活动使用或形成的涉密文件、资料及其他涉密载体，在制作、分发、存放、回收、销毁等各个环节，落实保密管理措施。

（3）严格场所设备检查。涉密会议、活动应在符合保密要求的场所进行，不得使用不具备保密条件的电视电话会议系统。使用的扩音、录音等电子设备、设施应经安全保密检测，携带、使用录音、摄像设备应经主办单位批准。禁止与会人员使用手机、无线话筒、无线键盘、无线网络和其他无保密措施的通信工具，必要时可使用通信干扰器。

（4）严格保密要求。应对参会人员（含列席人员以及工作、服务人员）进行保密教育，要求参会人员依照保密规定妥善保管涉密会议文件、资料和其他涉密载体，不得擅自记录、录音、摄像和摘抄，不得擅自复印涉密文件、资料等。

（5）严格新闻报道审查。涉密会议、活动应严格采访报道的保密审查，接受采访或公开报道应当经过批准，凡涉密信息未经有关主管部门审批，不得公开宣传报道。对是否涉密界定不清的，应逐级报有权确定该事项密级的上级机关或保密行政管理部门审查确定。严防在宣传报道中造成失泄密事件。

47. 参加涉密会议、活动的人员应注意哪些保密事项?

参加涉密会议、活动应当遵守保密方案和保密须知，认真执行保密纪律和保密要求。不得擅自委托其他人员代替本人参加会议；不得擅自记录、录音、摄像；不得携带手机或其他无线设备进入会议、活动场所，不得使用无线键盘、无线网卡等无线设备或装置；对个别会议地点和参加人员有特殊保密要求或主办单位有明确要求的，不得携带手机前往。

48. 参加涉密会议、活动领取的涉密文件、资料应如何使用和保管?

涉密会议、活动发放的涉密文件、资料和其他涉密载体应当妥善管理。注明“会后回收”或不允许由会议代表带回单位的文件、资料，在会议结束时，要主动交还会议文件管理人员并办理手续，不得擅自摘抄、复印。允许带回单位的文件、资料，回单位后要立即交单位保密室登记保存，个人不得留存。携带涉密文件、资料返回单位途中，要严格执行有关涉密载体管理规定,不得办理无关事项,以防丢失或被盗。

49. 涉密会议、活动宣传报道应注意哪些事项？

撰写新闻稿件应当认真执行新闻出版保密规定和会议保密纪律，不得涉及国家秘密。会议、活动提供新闻通稿或报道口径的，须按照新闻通稿或报道口径报道。凡是公开报道、播放的稿件、图片、录像片、录音带等，须事先请有关业务主管部门或涉密会议、活动组织者审查批准。

50. 涉密视频会议有哪些保密要求?

涉密视频会议系统应当按照涉密网络有关要求进行建设和管理。

召开涉密视频会议，应当断开所有不参会会场的视频会议设备与网络的连接，对参会会场及设施设备进行安全保密检查。

涉密视频会议系统运行维护和音视频录制，应当由涉密人员负责。

涉密视频会议的音视频资料应当按照涉密载体进行管理。

51. 涉密经济数据管理有哪些保密要求？

经济数据安全是经济安全的重要保障，涉密经济数据一旦泄露或提前披露，势必扰乱经济运行秩序，影响市场公平竞争，损害政府公信力，给国家安全和利益造成危害。经济数据保密管理有以下保密要求：

（1）知悉涉密数据的人员应当作出保密承诺，严守保密法纪。

（2）不得向规定范围之外的任何单位、个人提供涉密数据或者可据以推断涉密数据的统计资料，不得以“预测”等方式变相提供涉密数据。

（3）接受新闻单位采访、参加学术活动、出席会议或者发表研究文章时，不得涉及涉密数据及相关信息。

（4）报送、交换涉密数据，应当严格履行清点、登记、编号、签收手续。

（5）复制涉密数据，应当经本机关、本单位主管领导批准，严格履行登记手续，加盖复制单位戳记。

52. 国家统一考试有哪些保密要求?

国家主管部门组织的国家教育、执(职)业资格、国家公务员录用和专业技术人员资格等国家统一考试的试题、答案和评分标准，在启用前均属于国家秘密。保密管理工作由组织考试的主管部门负责，具体有以下保密要求:

(1)对命题人员和内部工作人员进行审查，加强保密教育，与命题人员签订保密承诺书，对命题人员应当履行的保密义务作出明确规定。

(2)对命题工作的各个环节实行严格的保密管理，命题工作原则上应采取入围工作的形式，原始试题载体应选择具备安全防盗设施的场所,存放在保险柜中,并由两人专门保管。

(3)考试试卷应当在国家统一考试试卷定点印制单位印制。

(4)运送试卷应严格按有关规定，通过机要渠道或使用可靠的交通工具，由两人以上专门押送，做到人不离卷，卷不离人，并严格履行交接查验手续。

(5)考试试卷封存保密期间，对保密场所应当采取必要的保密防范措施，安装防盗装置和24小时双人守卫等。

(6)以电子信息形式为载体进行考试，应按照国家有关部门规定，在涉密载体及计算机信息系统、计算机设备的安全防护、使用和管理等方面，采取严格的保密防范措施；承担考试软件开发、制作的单位，应承担保密义务，有关考试主管部门应与其签订保密协议。

(7)考试工作中发生泄密事件，有关考试主管部门应立即按照有关规定报告，并协助保密行政管理部门组织查处。

53. 测绘成果资料管理有哪些保密要求？

测绘成果资料是国家现代化建设的主要基础资料，在国家安全和经济建设方面发挥着重要作用。测绘成果资料保密管理主要有以下要求：

（1）测绘成果资料一律由测绘管理部门提供，测绘队及其他借领单位不得自行对外提供。借领测绘成果资料，要提出申请，属秘密级、机密级的资料，须经资料、档案部门领导批准；属绝密级的，须报省级测绘行政主管部门或国家测绘行政主管部门批准。

（2）借领、使用的涉密测绘成果资料，不得擅自复制、转抄、转借。确因工作需要必须复制的，须经省级测绘行政主管部门或国家测绘行政主管部门批准。复制的资料必须按原件密级管理。

（3）递送涉密测绘成果资料，必须严密包装加封，交机要部门寄送或由两人以上携带押运。

（4）涉密测绘成果资料递送、收发、移交、借领，必须严格清点和履行签批、签字手续，加盖公章，进行登记。

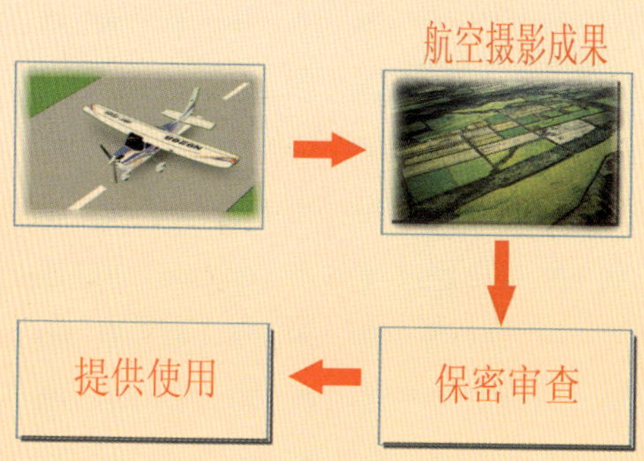

54. 涉密工程确认和管理有哪些保密要求?

涉密工程的保密管理涉及环节较多，包括涉密工程的确认、设计、建设、使用等整个过程。

涉密工程应先经过机关、单位保密工作机构的审查，认为属于涉密工程的，须提请有确认权的保密行政管理部门确认。经确认属于涉密工程的，应当采取严格的保密管理措施，主要有以下方面：

（1）不得公开招标；

（2）对涉密工程的勘察、设计、施工和监理单位应进行保密审查；

（3）建设单位应制订具体的保密管理措施和方案，并与工程的勘察、设计、施工和监理单位签订保密协议；

（4）建设单位应进行全过程的保密监督管理；

（5）工程竣工后，建设单位应收回涉密图纸、资料等涉密载体，并办理移交手续，清除计算机储存的相关信息；

（6）涉密工程启用前必须通过安全保密检查检测。

六、涉外活动

55. 在涉外活动中应遵守哪些保密规定？

在对外交往中的保密工作总体要求可总结为“四不”：不该说的秘密不说，不该问的秘密不问，不该提供的秘密不提供，不该知悉的秘密不知悉。

（1）不得带领境外人员到国家禁止境外人员进入的禁区和涉密部门部位。

（2）与境外人员会谈，不得擅自涉及国家秘密，必须按照事先确定的会谈范围和口径谈话。

（3）出入境外驻华组织、机构和境外人员驻地或陪同境外人员活动，不得携带国家秘密载体。

（4）遇有境外人员来电、来函、采访，拍摄照片、电影、电视、录像片或索要资料，要求提供有关信息涉及国家机密的，应予拒绝并及时向机关、单位反映情况。

（5）在对外交往中，外方以正当理由要求我方为其提供的信息承担保密义务的，我方人员应当作出承诺，为其保守秘密。

（6）在外事活动场合不得谈论国家秘密，商量、研究涉及国家秘密或者重要敏感事项的，要在有保密条件的地方进行。

（7）不得利用境外通信设施进行涉密通信联络，不得使用境外人员使用的办公设备处理涉密信息。

56. 在对外交往与合作中提供国家秘密事项有哪些保密要求?

机关、单位在对外交往与合作中，要从国家整体利益和对外交往合作的实际出发，权衡利弊，确需对外提供国家秘密时，应确定范围，进行保密审查并作必要的技术处理，报有审批权限的部门批准，执行政府间保密协定或与对方签订保密协议，任何组织和个人不得擅自对外提供国家秘密。

对外交往合作中提供国家秘密事项的，应根据有关保密法律法规，与接受方签订保密协议，要求其承担保密义务。协议的基本内容包括：对外提供的国家秘密事项及理由、承担的保密义务、违约责任等。

57. 涉密载体携运出境有哪些保密要求？

确因工作需要携运属于国家秘密的文件、资料和其他物品出境时，须交由外交信使或者国家保密局核准的单位和人员携运。

目的地不通外交信使或者外交信使难以携运的，确因工作需要，需自行携运机密级、秘密级国家秘密文件、资料和其他物品出境的，应当向有批准权限的保密行政管理部门或保密工作机构申请办理《国家秘密载体出境许可证》，并使涉密载体始终处于有效控制之下。不得携运绝密级国家秘密出境，不得把密件夹放在托运的行李中托运。

携运出境的涉密载体，凡可以由我国驻外使领馆或政府部门驻外机构代为保存的，应当尽快交其代为保存；不能交使领馆保存的，应当采取严格的保密管理措施。

58. 国家秘密技术出口有哪些保密要求？

秘密级技术，由申请单位或个人按照行政隶属关系报省、自治区、直辖市、计划单列市科技工作主管部门或者国务院有关主管部门审查批准，报科技部备案。

机密级技术，由申请单位或个人按照行政隶属关系报省、自治区、直辖市、计划单列市科技工作主管部门审查后，报科技部审批。

绝密级技术禁止出口，特殊情况需要出口的，要由省、自治区、直辖市、计划单列市科技工作主管部门或者国务院主管部门提出申请，经科技部审查后，报国务院批准。

国家秘密技术出口必须严格按照批准的范围和内容执行，不得擅自扩大或改变批准的范围和内容。

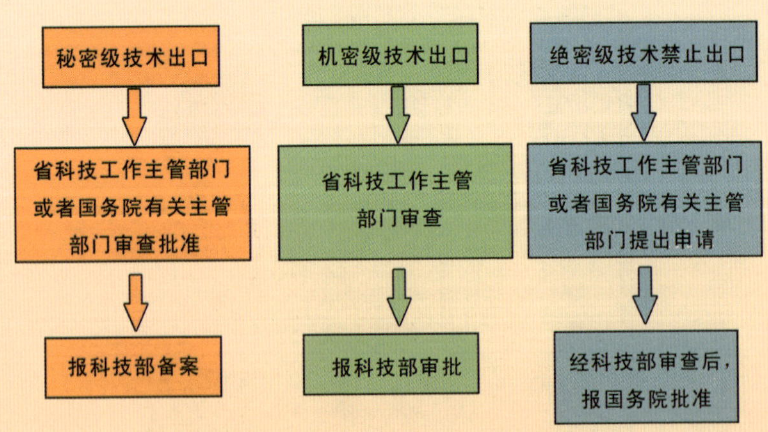

59. 在境外活动时要注意哪些保密事项?

（1）不随意谈论国家秘密，不议论所在国和第三国的敏感问题。

（2）商议会谈对策、涉密事项及内部事项，应在具备保密条件的场所进行。会谈或谈判时，不要把涉密文件、涉密载体或内部资料带入会谈场所。必须携带的，会谈时应妥善保管，不要随意摆放。

（3）密电和涉密文件必须在我国驻外使领馆机要保密室草拟，不得在驻地房间内起草、阅读密电、涉密文件或内部资料。

（4）在私人通信中不得谈及内部情况，不准泄露国家秘密。不使用手机、普通长途电话、互联网谈论秘密事项，不得使用境外人员使用的办公设备处理涉密信息。

（5）销毁涉密载体时，要严格按照有关规定彻底销毁。

（6）不前往和参加与身份不符的场所和活动，不私自参加境外或有境外背景的组织。

（7）遇到情报机构策反、威胁、讹诈时，要站稳立场，巧妙处置，并及时通知我驻外使领馆，不得隐瞒事关国家安全保密方面的敌情或事项。

60. 任用、聘任境外人员有哪些保密要求?

机关、单位任用、聘用境外人员的，应根据有关保密法律法规，与拟接触、知悉国家秘密的境外人员签订保密协议，要求其承担保密义务。协议的基本内容包括：需要知悉的国家秘密事项及理由、承担的保密义务、违约责任、协议的法律效力等。

机关、单位应指定专门机构和人员对保密协议执行情况进行经常性的监督检查，一旦发现违反协议的情况或存在威胁国家秘密安全的行为，应立即采取有效措施，消除泄密隐患，并依法严肃追究有关责任人员的责任。

七、通信及办公自动化设备

61. 使用手机存在哪些信息安全隐患？如何安全操作？

（1）手机使用过程中存在的主要安全隐患有：

①电话被监听；

②短信被截获；

③个人信息丢失；

④手机病毒传播；

⑤手机 SIM 卡被复制。

（2）养成良好的手机使用习惯，应注意以下事项：

①设置手机的开机及安全密码；

②手机中不要存放敏感信息，也不要存放私人照片；

③要定期备份通讯录；

④来电显示异样的字符和号码，应不接听，或者将电话关闭；

⑤对于陌生人发送的短信息，请不要轻易打开，更不要转发，应及时删除；

⑥使用手机上网时，尽量从正规网站上下载信息，不要随意在一些网站上登记自己的手机号码，以免感染手机病毒；

⑦不要任意安装来路不明的手机程序；

⑧利用“无线传送”功能比如蓝牙、红外线接收信息时，要选择安全可靠的传送对象；将蓝牙功能属性设为“隐藏”，

以防被病毒或入侵者搜索到，如果有陌生设备搜索请求链接最好不要接受；

⑨选择具有杀毒、防骚扰功能的手机或选择专业的手机杀毒及防骚扰软件，将手机病毒和木马程序驱逐出您的手机，做到防患于未然；

⑩不得携带手机等移动终端参加涉密会议或进入涉密活动场所、保密要害部门部位；不得在涉密场所使用手机等移动终端进行录音、照相、摄影、视频通话和宽带上网；在召开重要会议或进行涉及敏感问题的交谈时，要关闭手机并卸下电池，或者把手机放置在专门的屏蔽柜中；

⑪不得在手机通话中谈论国家秘密事项，不得使用手机发送国家秘密信息，不得在手机中储存国家秘密信息；不得将手机等移动终端作为涉密信息设备使用或与涉密信息设备及载体连接。

62. 使用普通电话机和传真机等通信设备有哪些保密要求?

不得使用普通电话机、传真机谈论或传输涉密信息。传真涉密信息，必须使用国家密码管理部门批准使用的加密传真机。加密传真机只能传输“机密”和“秘密”级信息，“绝密”级信息应当送当地机要部门译发。

63. 处理涉密信息的打印机、复印机、扫描仪等办公自动化设备为什么不能接入公共信息网络？

处理涉密信息的打印机、复印机、扫描仪、多功能一体机等设备不能连入互联网、普通电话网络等公共信息网络。这些办公自动化设备具有信息存储功能，一旦接入互联网、普通电话网等公共信息网络，可能将存储的涉密信息传输到公共通信网络上，或被境外情报机构通过网络远程控制，窃取设备内存储的信息，造成泄密。

64. 处理涉密信息的计算机、办公自动化设备销毁应注意哪些保密事项？

销毁涉密计算机、办公自动化设备和涉密移动存储介质，应当严格履行清点、登记手续，交由保密行政管理部门销毁工作机构或者保密行政管理部门指定的销毁单位进行；自行销毁的，应当使用符合国家保密标准的销毁设备和方法。

八、违法违纪责任

65.《中华人民共和国保守国家秘密法》（以下简称《保密法》）规定的 12 种严重违规行为是什么?

《保密法》列举了 12 项最常见、最典型的严重违规行为。这些行为是:

（1）非法获取、持有国家秘密载体的;

（2）买卖、转送或者私自销毁国家秘密载体的;

（3）通过普通邮政、快递等无保密措施的渠道传递国家秘密载体的;

（4）邮寄、托运国家秘密载体出境，或者未经有关主管部门批准，携带、传递国家秘密载体出境的;

（5）非法复制、记录、存储国家秘密的;

（6）在私人交往和通信中涉及国家秘密的;

（7）在互联网及其他公共信息网络或者未采取保密措施的有线和无线通信中传递国家秘密的;

（8）将涉密计算机、涉密存储设备接入互联网及其他公共信息网络的;

（9）在未采取防护措施的情况下，在涉密信息系统与互联网及其他公共信息网络之间进行信息交换的;

（10）使用非涉密计算机、非涉密存储设备存储、处理国家秘密信息的；

（11）擅自卸载、修改涉密信息系统的安全技术程序、管理程序的；

（12）将未经安全技术处理的退出使用的涉密计算机、涉密存储设备赠送、出售、丢弃或者改作其他用途的。

《保密法》规定，有上述行为之一的，依法给予处分；构成犯罪的，依法追究刑事责任；有上述行为尚不构成犯罪，且不适用处分的人员，由保密行政管理部门督促其所在机关、单位予以处理。

66. 公务员泄露国家秘密和工作秘密要承担哪些行政责任?

《行政机关公务员处分条例》第26条规定，泄露国家秘密、工作秘密，或者泄露因履行职责掌握的商业秘密、个人隐私，造成不良后果的，给予警告、记过或者记大过处分；情节较重的，给予降级或者撤职处分；情节严重的，给予开除处分。

67. 机关、单位违反保密法规定，有关人员要承担哪些行政责任？

机关、单位违反保密法规定，发生重大泄密案件的，由有关机关、单位依法对直接负责的主管人员和其他直接责任人员给予处分；不适用处分的人员，由保密行政管理部门督促其主管部门予以处理。

机关、单位违反保密法规定，对应当定密的事项不定密，或者对不应当定密的事项定密，造成严重后果的，由有关机关、单位依法对直接负责的主管人员和其他直接负责人员给予处分。

68. 共产党员泄露党和国家秘密要受到哪些党纪处分？

《中国共产党纪律处分条例》第 138 条明确规定，丢失秘密文件资料或者泄露党和国家秘密，情节较轻的，给予警告或者严重警告处分；情节较重的，给予撤销党内职务或者留党察看处分；情节严重的，给予开除党籍处分。

在保密工作方面不负责任，致使发生重大失密、泄密事故，造成或者可能造成较大损失的，对负有主要领导责任者，给予警告或者严重警告处分；造成或者可能造成重大损失的，对负有主要领导责任者，给予撤销党内职务处分。

第二部分

涉密计算机及网络安全保密知识问答

一、基础知识

69. 使用涉密计算机有哪些基本要求?

按照有关规定，使用涉密计算机时应严格遵守以下要求:

（1）涉密计算机的使用应报保密部门和信息化工作部门审批，未经批准不得处理涉密信息。涉密计算机的使用人应承担安全保密责任和遵守保密规定，发生变更时应及时报告保密部门和信息化工作部门。

（2）涉密计算机必须使用红黑电源隔离插座，插座仅供涉密计算机及显示器、视频保护器 VIP-3 和保密技术防护专用系统（三合一）单项导入设备使用，其他非涉密设备不能连接。

（3）涉密计算机显示器不得面向门窗，至少与门窗成 90° 角摆放。

（4）设置开机口令，并将口令设置为不易破解的口令。

（5）涉密计算机必须安装保密技术防护专用系统（三合一设备）。

（6）安装杀毒软件，并随时更新。

（7）定期更新计算机系统补丁。

70. 涉密计算机如何设置口令？

涉密计算机应严格按照国家保密规定和标准设置口令。

（1）处理绝密级信息的计算机，应采用生理特征（如指纹、虹膜）等强身份鉴别方式。

（2）处理机密级信息的计算机，应采用 IC 卡或 USBKey 与口令相结合的方式，且口令长度不少于 4 个字符或数字的组合，如仅使用口令方式，则长度不少于 10 个字符或数字的组合，更换周期不长于 1 个星期；设置口令时，要采用多种字符和数字混合编制。

（3）处理秘密级信息的计算机，口令长度不少于 8 个字符或数字的组合，要采取多种字符和数字混合编制，更换周期不长于 1 个月。

71. 涉密计算机安全保密防护软件和设备为什么不得擅自卸载?

涉密计算机的安全保密防护软件和设备，为涉密计算机存储、处理涉密信息提供安全保障。如防病毒软件可防范计算机感染病毒、“木马”等恶意程序；主机监控与审计软件可对主机非法或入侵操作进行检查；保密技术防护专用系统可监控涉密计算机违规外联，管控移动存储介质交叉使用，并提供外部非涉密信息单向导入涉密计算机的安全通道。擅自卸载涉密计算机的安全保密防护软件和设备，将使涉密计算机失去安全保密保障，带来泄密隐患。

72. 涉密计算机为什么不得接入互联网等公共信息网络？

涉密计算机接入互联网、有线电视网、固定电话网、移动通信网等公共信息网络，可能被境外情报机构植入“木马”窃密程序，带来泄密隐患。

涉密计算机与公共信息网络必须实行物理隔离，即与这些公共信息网络之间没有任何信息传输通道。

73. 涉密计算机为什么不得使用无线网卡、无线键盘、无线鼠标、多功能一体机等设备?

涉密计算机使用无线网卡，在开机状态可自动与无线网络连接，为境外情报机构进行远程控制提供渠道。即使关闭联网程序，也可使用技术手段通过无线网络将其激活并实现联网，窃取信息。

涉密计算机使用无线鼠标、无线键盘等无线设备，涉密信息会以无线信号形式在空中传递，极易被他人利用相关设备截获，造成泄密；同时，计算机与无线设备之间的无线信道可能被利用，成为窃密网络通道。

多功能一体机的复印、打印、传真等各项功能共享一个数据存储器，如果多功能一体机连接内网计算机，同时与市话网络相连用于通话和收发普通传真，打印的涉密信息、传真的非涉密信息等将混合存储在了同一存储器中。有些功能先进的多功能一体机具有通过电话线或网络向其维修中心发送数据的功能，此种设备一旦既连接涉密计算机又连接市话网，或是既用于涉密计算机打印又用于非涉密计算机打印，均将造成存储器中的涉密信息泄露。

74. 携带涉密笔记本电脑及其他涉密存储介质外出应当遵守哪些保密要求?

在一般情况下，不允许携带涉密笔记本电脑及其他涉密存储介质外出。确需携带外出的，要严格履行审批手续，采取有效管理措施，确保涉密笔记本电脑及其他涉密存储介质始终处于有效监控之下。同时采取身份认证、涉密信息加密等防护措施。

75. 涉密计算机改作非涉密计算机应当注意哪些保密问题?

涉密计算机改作非涉密计算机使用，应当经过本机关、单位批准，并采取拆除信息存储部件（如硬盘、内存）的安全技术处理措施。不得将未经安全技术处理的已退出使用的涉密计算机、涉密存储设备赠送、出售、丢弃或者改作其他用途。

拆除的部件如作淘汰处理，应严格履行清点、登记手续，交由保密行政管理部门销毁工作机构或者保密行政管理部门指定的销毁单位销毁；自行销毁的，应当使用符合国家保密标准的销毁设备和方法处理。

76. 移动存储介质为什么不得在涉密计算机和非涉密计算机之间交叉使用?

移动存储介质在非涉密计算机上使用时，有可能被植入“木马”等窃密程序。当感染了窃密程序的移动存储介质在涉密计算机上使用时,窃密程序会自动复制到涉密计算机中，并将涉密计算机中的信息打包存储到移动存储介质上。当移动存储介质再次接入到连接互联网的计算机时，涉密信息就会被自动发往指定主机，造成泄密。

将非涉密信息复制到涉密计算机，应先对需复制的数据进行杀毒处理，并采取必要的技术防护措施，使用一次性光盘或经过国家保密行政管理部门批准的信息单向导入设备复制。

77. 非涉密计算机为什么不得存储、处理和传输涉密信息?

非涉密计算机缺乏保密技术防护措施，如果存储、处理涉密信息，很可能通过互联网等公共信息网络或其他移动存储介质泄露，被他人特别是境外情报机构窃取。

78. 机关、单位涉密网络安全保密技术防护有哪些保密要求?

机关、单位应当采取下列措施，加强涉密网络安全保密技术防护：

（1）采取身份鉴别措施，有效防范非授权用户登录服务器、终端、应用系统以及安全保密设备。

（2）采取访问控制措施，有效防范用户对信息的越权访问。

（3）采取安全审计措施，准确记录用户和管理人员的操作行为，有效监控违规操作。

（4）采取边界安全防护措施，有效防范违规接入、违规外联和移动存储介质交叉使用等行为。

（5）采取信息流转控制措施，防止高密级信息流入低密级网络或者安全域。

79. 机关、单位规划建设涉密网络有哪些保密要求?

机关、单位规划建设涉密网络，应当按照同步规划、同步建设、同步运行的要求，根据国家保密规定和标准，制订分级保护方案，采取身份鉴别、访问控制、安全审计、密码保护等技术措施。涉密网络建设项目评估，应当有保密行政管理部门人员参加。

项目审批部门应当将涉密网络建设项目的批复文件抄送同级保密行政管理部门。

涉密网络建设完成后，应当经保密行政管理部门审批，方可报项目审批部门组织竣工验收。

80. 机关、单位涉密网络使用管理有哪些保密要求?

机关、单位应当采取下列措施，加强涉密网络使用保密管理：

（1）与互联网及其他公共信息网络实行物理隔离。

（2）统一采购、登记、标识、配备信息设备，并明确使用管理责任人。

（3）依据岗位职责严格设定用户权限，按照最高密级防护和最小授权管理的原则，控制国家秘密信息知悉范围。

（4）严格规范文件打印、存储介质使用等行为，严格控制信息输出。

（5）加强对用户操作记录的综合分析，及时发现违规或异常行为，并采取相应处置措施。

（6）将互联网及其他公共信息网络上的数据复制到涉密网络，应当采取病毒查杀、单向导入等防护措施。

（7）指定在编人员担任系统管理员、安全保密管理员、安全审计员，分别负责系统运行维护、安全保密管理和安全审计工作。

（8）涉密网络建设和运行维护服务外包的，应当选择具有相应涉密信息系统集成资质的单位，签订保密协议，落实保密管理措施。

81. 机关、单位互联网使用管理有哪些保密要求?

（1）建立互联网接入审批和登记制度，严格控制互联网接入口数量和进入终端数量。中央和国家机关各部门互联网接入口数量原则上不超过两个，省级以下党政机关逐步实现互联网集中接入。

（2）建立健全政府信息公开发布保密审查制度，指定机构和人员负责拟在互联网发布信息的保密审查，并建立审查记录档案；保密审查应当坚持一事一审、全面审查，确保发布的信息不涉及国家秘密，并综合分析信息相关性，防止因数据汇聚涉及国家秘密。

（3）指定机构和人员负责本机关、本单位网站的信息发布、留言评论、博客信息等的保密管理，发现涉及国家秘密的信息，应当立即予以删除，并向同级保密行政管理部门报告。

（4）严禁通过互联网电子信箱、即时通信工具等办理涉密业务，或者存储、处理、传递国家秘密信息。

82. 办公计算机、移动存储介质、打印机、复印机等设备需要维修时该如何处理？

办公计算机、移动存储介质、打印机、复印机等设备的维修，由部网管中心统一管理，个人不得擅自将上述设备送出维修。

（1）涉密信息化设备损坏的，送修前，应当拆除涉密信息存储部件。

（2）涉密信息存储部件损坏的，必须由国家保密工作部门指定的具有涉密数据恢复资质的单位进行维修。

（3）维修后的涉密设备或介质投入使用前必须进行安全检查。

83. 什么是计算机电磁辐射泄密？如何防范？

信息以电信号传输时会产生电磁辐射，造成电磁泄露。因此，计算机系统和网络系统在工作时都会产生电磁辐射，造成电磁泄露。

当计算机处理信息时，可以在一定距离内，通过技术手段将计算机信息接收还原。应对重点部门部位的涉密计算机配置电磁防辐射泄露干扰仪，通过屏蔽技术、电磁干扰技术，避免因电磁辐射引起信息泄密。

84. 信息网络安全面临的威胁有哪些？

从一般意义上讲，信息网络安全所面临的威胁主要可分为两大类：一是网络中信息的威胁，二是网络中设备的威胁。

主要表现在 5 个方面：

（1）信息泄露：非法窃取网络传输数据以获取有用的信息。如：对通信线路中传输的信号进行搭线监听。

（2）信息篡改：截取网上传输的数据包，并进行修改、添加或破坏。

（3）非授权访问：没有授权就使用网络资源，非法登录系统，获得网络资源与网络信息，甚至进行蓄意破坏。

（4）非法信息渗透：利用网络的开放性特点，向单位内部传播不良信息。

（5）假冒合法用户：通过网络对单位的正常业务进行干扰，如发送虚假信息等。

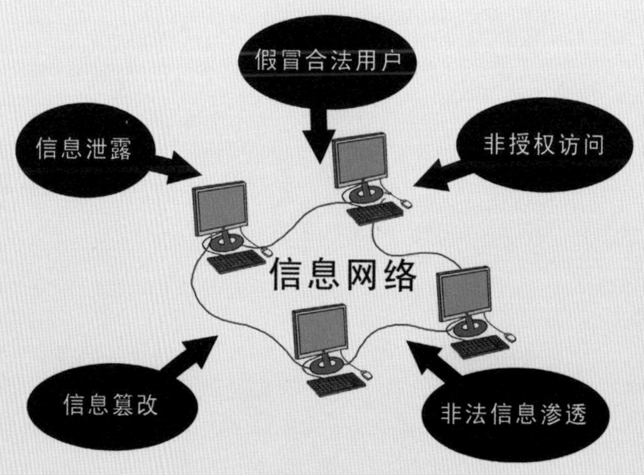

85. 计算机网络中常用的传输介质有哪些？

目前计算机网络中常用的传输介质有双绞线、光纤、无线信号等。

双绞线：是指目前常用的非屏蔽双绞线（UTP）。常用的是五类线和六类线，主要是在传输带宽上有差距。五类线带宽可以达到百兆速率，六类线可以达到千兆传输速率。

光纤：光纤的材质以玻璃为主，通过光来传递信号，拥有极宽的频带范围。它具有传输速度快，抗干扰性强，保密性强，传输距离长等特点。

无线信号：无线信号主要分为微波和无线电波，目前我们使用的 wlan、3G（wcdma、cdma2000、td-scdma 等）、蓝牙、红外线等无线网络信号均属于无线电波范围。

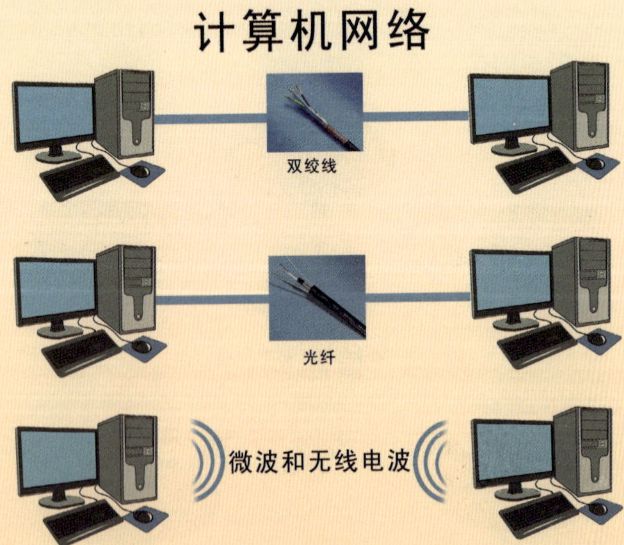

86. 如何正确使用 WPS、OFFICE 办公软件的文件加密功能?

在我们的日常工作中，金山的 WPS、微软的 Office 办公软件是最经常使用的办公软件，这些软件均自带文件加密功能，使用方法如下：

在菜单栏里点击【工具】，选择【选项】，弹出如下窗口，在【安全性】里设置文档打开与修改的密码：

87. 如何正确使用部外网邮件系统?

（1）使用外网邮件系统要设置强口令，长度最少 8 位，由数字、字母和特殊符号共同组成，至少 3 个月更改一次。

（2）邮箱内容要经常清理，重要邮件要及时备份。

（3）禁止利用部外网邮件系统制作、复制、发布、传播危害国家安全的非法内容。

（4）禁止通过外网邮件系统发送涉密和敏感信息。

（5）应定期接收邮件，并及时删除过时和无保留价值的邮件。

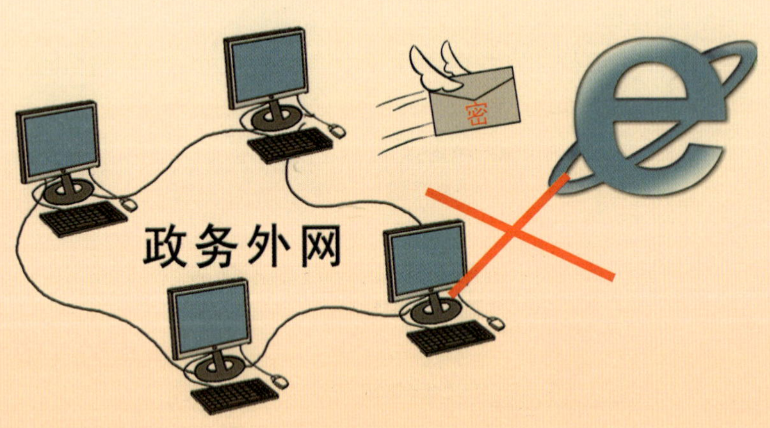

二、计算机操作有关问题

88. 计算机的开机和关机顺序各是什么？可以颠倒吗？

计算机开、关机顺序如下图所示：

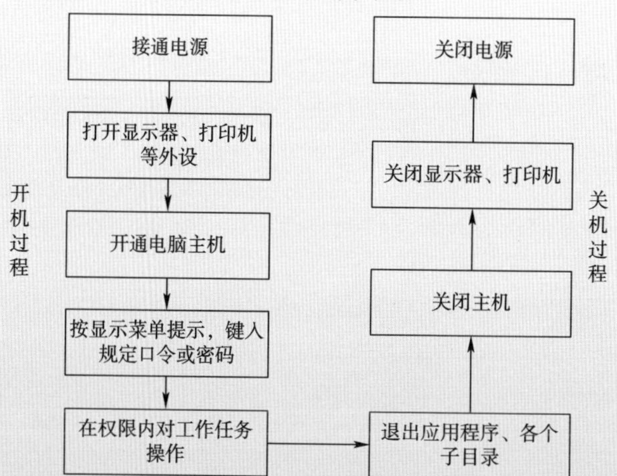

开机和关机各自的顺序不可颠倒。开机顺序颠倒会造成对显示器或主机外设的电冲击，影响机器寿命；关机顺序也不可颠倒，否则不仅会影响机器寿命，还会造成操作系统不稳定、数据丢失等后果。

89. 如何设置 Windows 操作系统开机密码？

按照如下顺序（Windows XP 系统）：

步骤一：左下方点击【开始】，见下图；

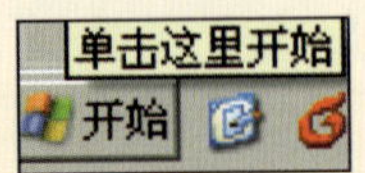

步骤二：选择【设置】→【控制面板】见下图；

步骤三：选中“用户帐户”；

步骤四：选择你要增加或修改的帐户名；

用户帐户
上一步
主页
了解
用户帐户
用户帐户类型
切换用户
用户帐户
挑选一项任务...
更改帐户
创建一个新帐户
更改用户登录或注销的方式
或挑一个帐户做更改
gaoxiang
计算机管理员
Guest
来宾帐户没有启用
更改这个帐户的信息，如帐户类型、名称、密码或图片，或删除这个帐户。

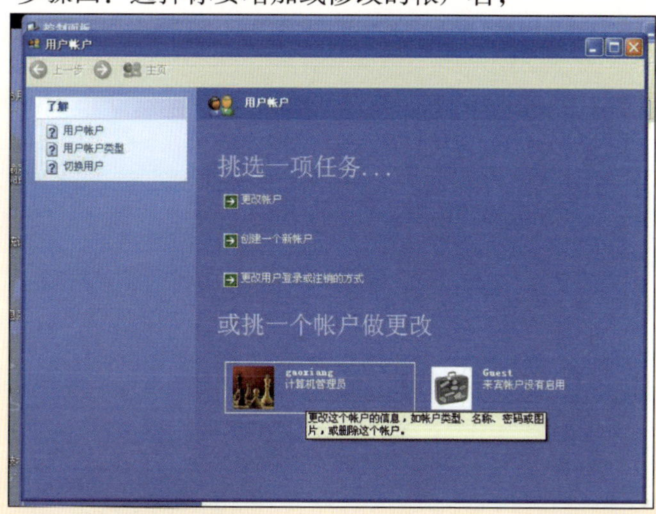

步骤五：创建密码→输入两遍密码→按【创建密码】按钮即可。

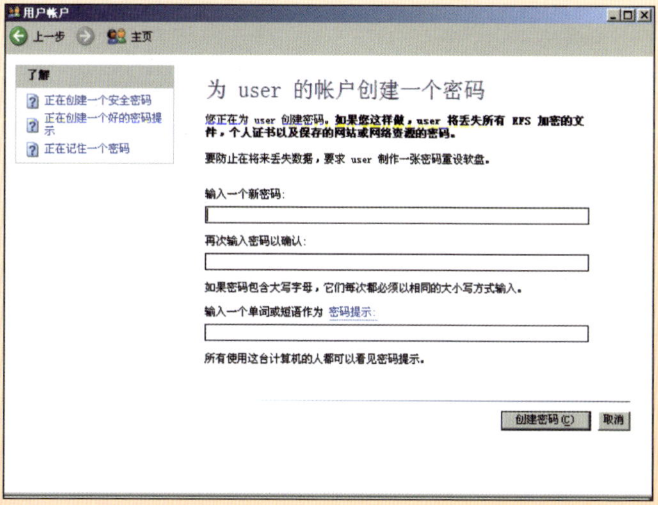

用户帐户
上一步
主页
了解
正在创建一个安全密码
正在创建一个好的密码提示
正在记住一个密码
为 user 的帐户创建一个密码
您正在为 user 创建密码。如果您这样做，user 将丢失所有 EFS 加密的文件，个人证书以及保存的网站或网络资源的密码。
要防止在将来丢失数据，要求 user 制作一张密码重设软盘。
输入一个新密码：
再次输入密码以确认：
如果密码包含大写字母，它们每次都必须以相同的大小写方式输入。
输入一个单词或短语作为 密码提示：
所有使用这台计算机的人都可以看见密码提示。
创建密码(C)
取消

90. 为什么不同的信息系统最好设置不同的密码?

设置不同的密码是为了增加系统的安全性。如果密码相同，一旦一个系统密码被截获或破解，就会连带影响其他系统的安全性。尤其是当外网系统密码被破解后，将可能影响使用同一密码的内网系统。

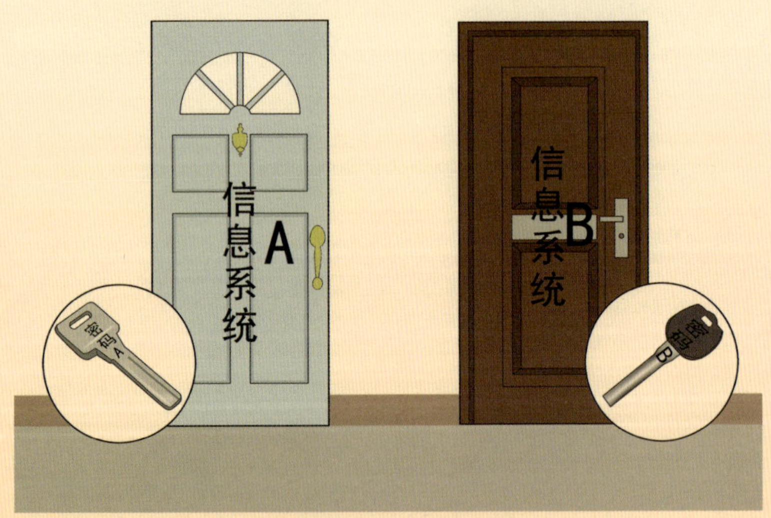

91. 为什么暂时离开计算机时要锁定计算机或设置计算机屏幕保护程序及口令？

离开的时候锁定计算机或设置计算机屏幕保护程序及口令，可以有效防止在离开期间被他人使用该计算机，防范信息被窃取，如下图所示。

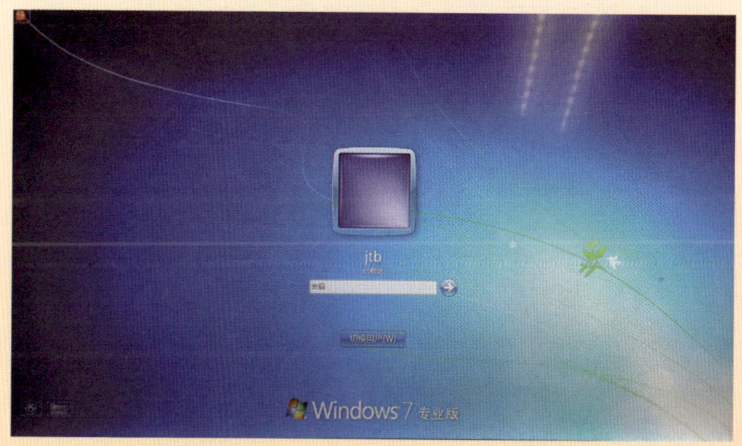

92. 如何设置锁定计算机？如何设置计算机屏幕保护密码？

（1）在登录的用户名设置密码后，按 win+L，就实现锁定了，再次登录时需输入密码。

注：▣就是 win 键。或者按 Ctrl+Alt+Del 键，然后按 K 键实现锁定计算机。

（2）在桌面单击右键点属性，进入屏幕保护程序，选择一个屏幕保护的图案后勾选“在恢复时返回到欢迎屏幕”，就可以使用设置的密码了，如图所示。

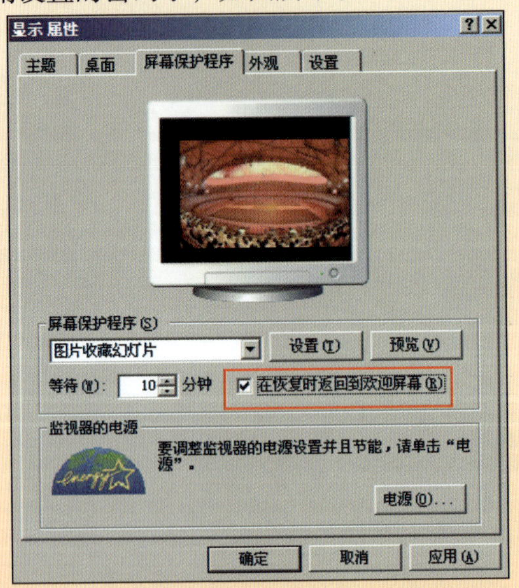

在此之前，你必须要在控制面板里的用户账户中创建一个用户并创建密码。

93. 使用信息管理软件和办公系统时为什么尽量不要设置为自动登录或记住密码？

在用户登录界面有“记住我的登录状态”、“记住密码”、“自动登录”等选项（见下图），用户打勾后，计算机会将用户登录名以及密码写入机器中的cookie中，其他人使用这台计算机时也可直接登录到信息管理软件和办公系统中，因而存在安全隐患。

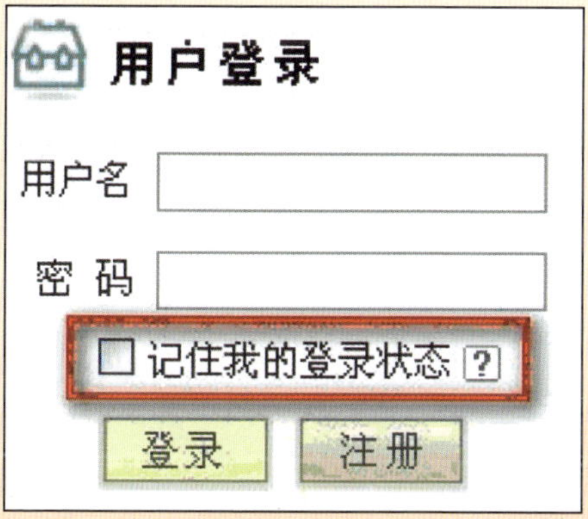

另外，一旦机器中了病毒或被他人窃取了cookie文件，密码就存在被破解的危险，所以尽量不要设置为自动登录或记住密码。

94. 在涉密网上起草文件时确需参考使用互联网上的资料时，应如何安全操作？

把互联网资料刻录到一次性光盘上，然后在涉密网上使用。

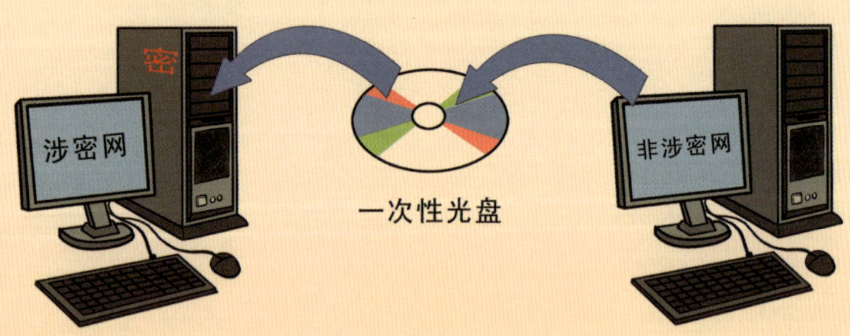

95. 为什么不要打开来历不明的网页、电子邮件链接或附件？

来历不明的网页、电子邮件链接或附件中可能含有计算机病毒。当用户登录某些含有网页病毒的网站，打开含有网页病毒的电子邮件链接或附件时，病毒便被悄悄激活。

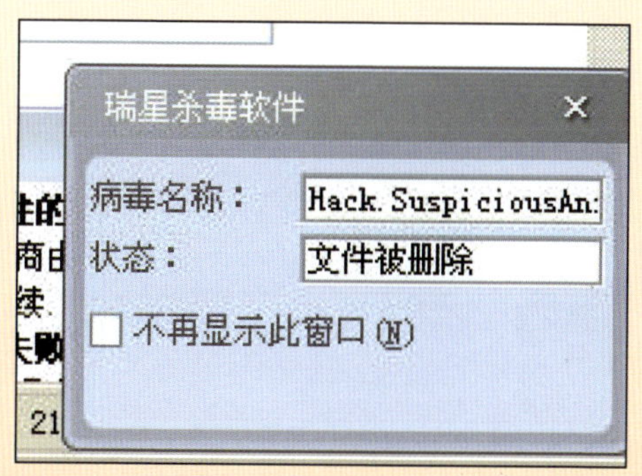

这些病毒一旦被激活，轻则修改用户的注册表，使用户的首页、浏览器标题改变，重则可以关闭系统的很多功能，使用户无法正常使用计算机系统，严重者可以给用户的机器上装上木马等后门程序，窃取用户的账号、密码等保密信息。所以不要打开来历不明的网页、电子邮件链接或附件，特别是文件后缀名为 *.htm、*.exe 和、*.chm 类型的文件。

96. 为什么不要随意下载小软件或小程序?

一些小软件或小程序本身就是恶意的计算机病毒代码,它可以在未经用户许可,甚至在用户不知情的情况下改变计算机的运行方式,破坏计算机的系统或数据,窃取信息。另外,提供下载小软件小程序的网站很多都是不良网站或挂有病毒、木马的网站。

97. 什么是 P2P 软件？使用 P2P 软件有什么危害？

简单地说，P2P 软件就是高速下载的软件，如 BT、迅雷、电驴等。使用 P2P 软件会大量占用网络带宽，严重影响正常的使用，同时由于 P2P 软件大多为无保证的第三方下载辅助工具软件，使用其传输或下载文件很可能会感染病毒。

98. 在接入外接存储设备时为什么要进行病毒扫描?

因外接存储设备，如移动硬盘和U盘，经常在不同的机器间插拔使用，容易感染计算机病毒。如果接入时不进行病毒扫描，有可能把本身携带的病毒传染给接入的计算机，造成信息安全风险。特别是自己的外接存储设备如果被他人使用过，最好先进行杀毒再打开使用。

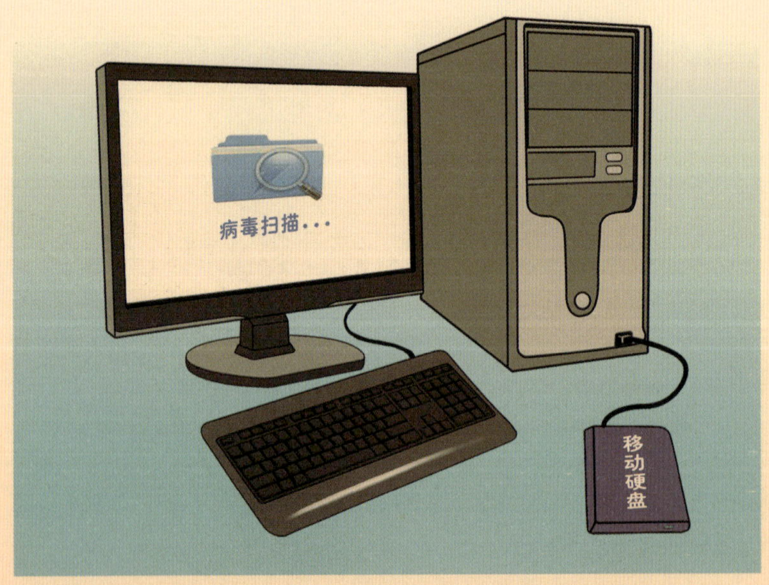

99. 为什么以 Web 方式收取邮件或进入涉密系统时，在阅读完毕或操作完成后，一定要点击“退出登录”或“注销”并关闭网页？

当你浏览某网站时，网站存储在你机器上的一个小文本文件，叫做 Cookie 里，它记录了你的用户 ID，密码、浏览过的网页、停留的时间等信息。当你再次登录该网站时，网站通过读取 Cookie，得知你的相关信息，就可以作出相应的动作，如在页面显示欢迎你的标语，或者让你不用输入 ID、密码就直接登录等。

使用计算机上网时，尽可能点击“退出登录”或“注销”退出系统，并关闭所有浏览器窗口，从而避免别人利用你的身份登录到你曾经登录过的系统中，破坏你的数据或是造成信息泄露。特别是在公用计算机中这点尤为重要。

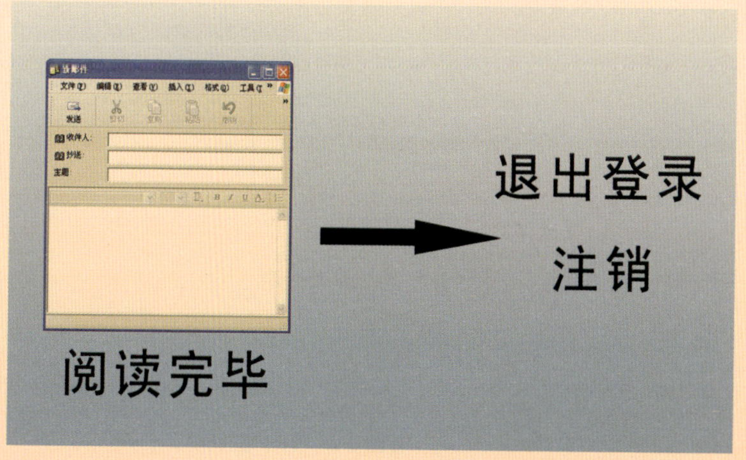

三、数据（信息）文件安全保护

100. 如何安全备份数据文件？

数据文件备份实际上就是在硬盘里设置一部分空间，作为存储所备份数据的镜像文件。你可以选择大多数装机者经常使用的数据备份软件，如 GHOST，进行数据文件备份。备份数据占据硬盘空间比较小，一旦系统崩溃或者数据丢失，可以通过运行该软件来进行恢复。

一般的数据备份软件存储的镜像文件设置在电脑的最后一个分区内，你无法删除这些镜像文件，它们是高度安全的，因而可以保证备份数据在必要时的恢复。

除计算机本身的备份外，也可以将数据文件备份到光盘、移动硬盘等存储介质中并妥善保存，以便必要时进行数据恢复。

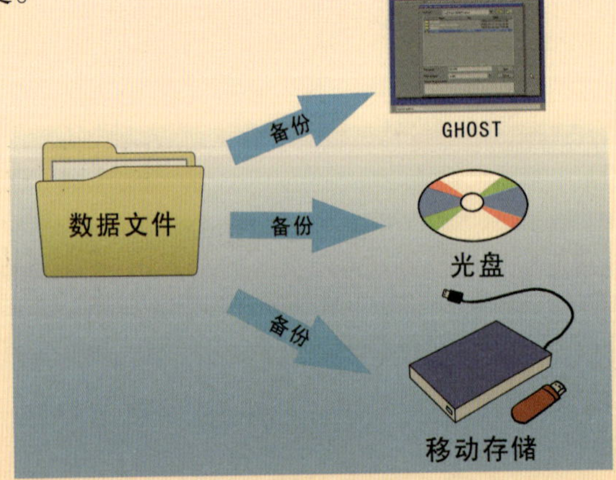

101. 常用的几种保护计算机文件安全的方法是什么？

文件及时备份、文件内容加密、文件访问权限设置等都是保护计算机文件安全的常用方法。

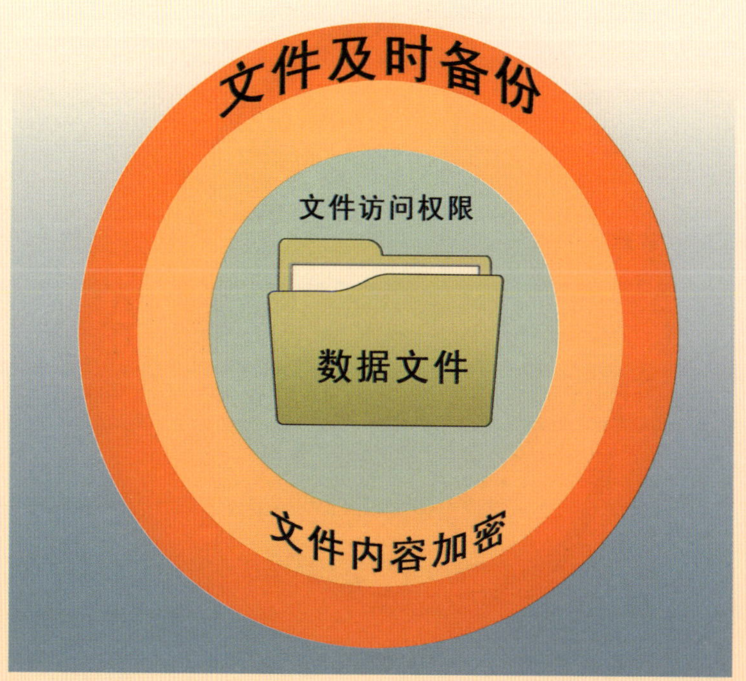

102. 为什么要对重要文件（数据）进行定期备份?

重要文件（数据）备份就是对重要数据资料（如文档、数据库、记录、进度等）备份下来并生成一个备份文件放在安全的存储空间内，当发生数据被破坏或丢失时可利用原备份文件恢复所需文件（数据）。定期备份可以有效应对因系统出现操作失误或系统故障导致的数据丢失。

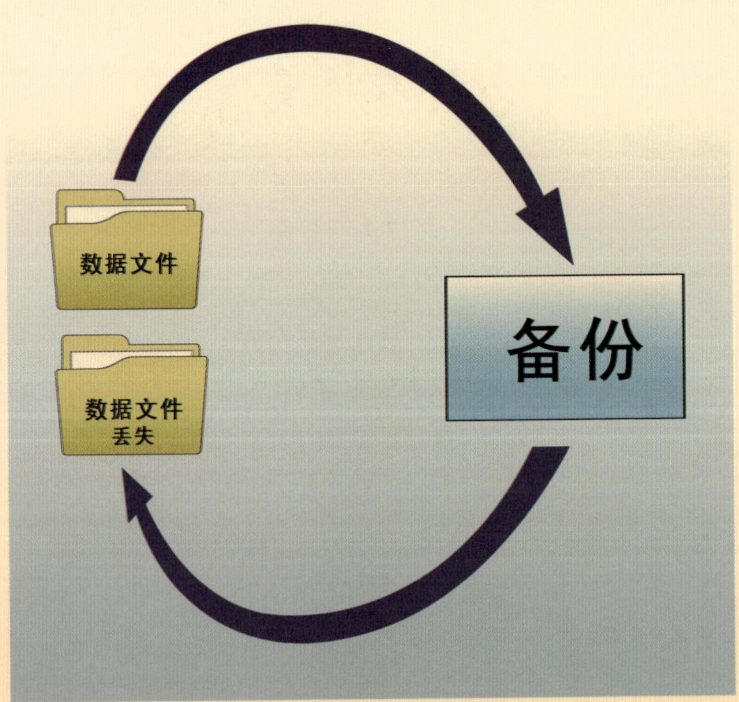

103. 为什么尽量不要将文件存储在计算机系统盘（C 盘）内？

计算机的操作系统一般安装在 C 盘上。有时计算机出现系统故障时，需要对计算机的系统盘进行格式化后重新安装操作系统，使得计算机系统盘上原有的内容会被全部破坏。为避免系统故障造成文件丢失，应为硬盘分区，尽量将文件存储在计算机系统盘（C 盘）外的其他盘内。

104. 为什么要定期清除缓存、历史记录以及临时文件夹中的内容?

当我们使用完互联网后，浏览器可能会把我们在上网过程中输入的信息保存在浏览器的相关设置中，这样下次再访问同样信息时可以很快地达到目的地，从而提高了我们的浏览效率。但是浏览器的缓存、历史记录以及临时文件夹中的内容保留了很多信息，有泄露的可能。为此，我们应该定期清理缓存、历史记录以及临时文件夹中的内容。

下面以IE浏览器为例介绍具体的操作方法，如下图所示。首先用鼠标单击菜单栏中的【工具】菜单项，并从下拉菜单中选择【Internet 选项】；接着在选项设置框中选中【常规】标签，然后如图点击删除，来清除浏览器中的历史记录和缓存中的内容。

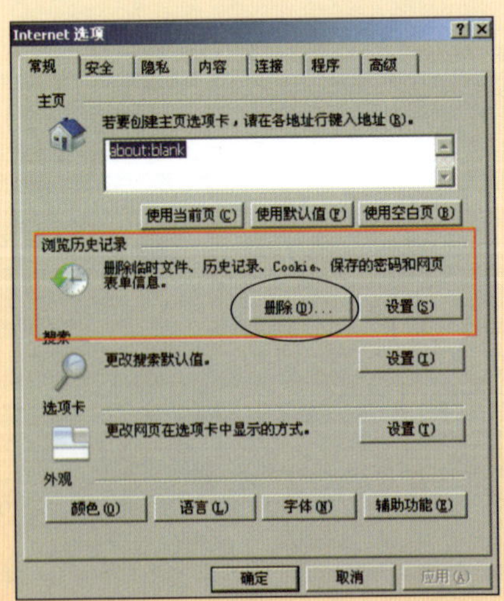

105. 在 Windows 操作系统中删除某一个文件时，该文件内容是否真正的从磁盘中删除？能达到保密要求吗？

不能。文件删除，仅仅相当于把一本书的目录进行了部分删除，而真正的数据在磁盘的数据区还完整地保存着，可以利用一些专门软件轻而易举地恢复；一般格式化也不能真正破坏数据，甚至在磁盘数据复写以后，由于磁介质的特性，前一次的数据记录还有残留，利用特殊的设备还是可以恢复的，所以即使格式化（包括低级格式化）也不能彻底删除涉密信息。

106. 为什么重要邮件在发送前应做加密处理?

重要邮件在发送前要做加密处理，否则内容容易被截获，另外，加密处理还能防止搜索引擎直接搜索出邮件内容。含工作内容的邮件应当通过专门的邮件系统发送，如果通过互联网上的免费邮箱发送，容易造成邮件内容被窃取。

107. 为什么重要数据和文件不要放在共享文件夹内？

利用共享文件夹可以将文件资源发布到网络中，对该共享文件夹的控制可以通过设置共享文件夹权限来实现。默认情况下，当把一个文件夹共享出来之后，系统会自动为该文件夹设置一个 EVERYONE 组，该组对共享文件夹有“完全控制”的访问权限。每一个通过网络来访问该文件夹的用户会被自动添加到该组中，而不管用户原先属于哪个组。如果将重要数据和文件放在共享文件夹内，而共享文件夹的权限设置又不合理，其他人访问到该共享文件夹时，就有可能把重要文件拷贝或删除掉，造成数据和文件丢失。

108. 网络打印机为什么不能内外网混用?

网络打印机既是网络设备同时也具有存储功能，所以重要文件如果在网络打印机上打印很可能造成泄密，这方面已经有很多案例了。因此必须对网络打印机实施严格的管理，严禁内外网混用打印机，机密级以下涉密文件必须在内网打印机上打印，绝密级的文件不得在网络打印机上打印。

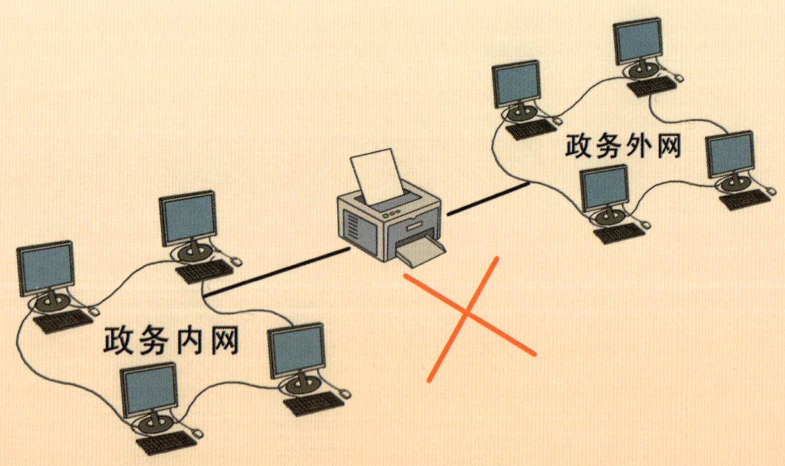

四、计算机病毒和网络攻击

109. 什么是计算机病毒？它的危害是什么？

计算机病毒是人为设计的一种计算机软件程序，它是用各种计算机语言编写而成。随着互联网的发展，用网页制作工具编写的病毒也随之大量出现。大部分病毒程序在一定条件下会反复自我复制和扩散，目的是为了干扰计算机的正常运行和操作，甚至毁坏、删除、或窃取计算机的数据，并通过网络、存取介质传播到其他计算机或互联网络，从而造成更大的破坏。

110. 计算机感染病毒后常见的征兆是什么？

感染了病毒的计算机运行肯定是不正常的，常见征兆有：运行速度十分缓慢；经常死机或自动重新启动；系统无法启动；无法上网；word 文档无法打开；应用程序无法正常运行；杀毒软件不能正常升级；经常提示硬盘空间不足；硬盘分区找不到；数据丢失或损坏；屏幕出现黑屏等。

111. 如何删除计算机病毒？

可以通过安装在计算机终端的杀毒软件（如瑞星、金山、诺顿等）查杀病毒。有些杀毒软件查到病毒后会提示："删除病毒"、"删除病毒文件"，一般应选择删除病毒，除非无法删除病毒时，才选择删除病毒文件，但这有可能会导致软件或程序丢失而无法打开文件。如果发现所使用的查杀工具不能满足需要，应该尝试其他防病毒工具，如果病毒仍难以清除，也可以通过更新计算机系统彻底删除病毒。概括起来就是：

（1）利用安装在计算机中的杀毒软件杀毒；

（2）寻找其他更有效的杀毒软件杀毒；

（3）更新计算机系统彻底去除病毒；

（4）请专业计算机人员帮助杀毒。

112. 如何预防计算机病毒感染?

使用正版操作系统软件和应用软件，因为很多盗版软件往往被别人捆绑有木马病毒程序，使用时，在不知不觉中就被感染了病毒。

及时升级系统补丁程序。对 WindowsXP 来说，可以打开控制面板，选择自动更新，根据“推荐”选择即可。内网用户可以通过下载系统补丁，自行安装的方式对系统进行升级。

安装防病毒软件，并开启实时监控，同时养成定时杀毒的好习惯，并及时更新病毒代码库；安装防火墙软件或在控制面板中打开 Windows 防火墙，定期执行全盘扫描。如果没有安装杀毒软件，可以访问防病毒软件公司网站使用在线查毒功能等。

使用 U 盘等移动存储介质拷贝数据时，请在待拷贝文件上点击右键，使用杀毒软件提供的功能事先进行病毒查杀和清除。

不打开来历不明的电子邮件，尤其是所带的附件。

不浏览不熟悉的网站，更不要轻易从这些网站下载软件。建议使用最新版本的浏览器（可上网升级）。

使用即时通信软件（MSN、QQ、skype 等）的时候，不要点击陌生人发给你的图片和网址链接，即使熟悉的人也要问一下是不是他发给你的，因为可能是他的电脑感染了病毒后，是自动发送的。

113. 常见的计算机病毒有哪些类型？

引导区病毒：这类病毒隐藏在硬盘的引导区，当计算机从感染了引导区病毒的硬盘启动，引导区病毒就开始发作。一旦它们将自己拷贝到机器的内存中，马上就会感染其他磁盘的引导区，或通过网络传播到其他计算机上。

文件型病毒：文件型病毒寄生在其他文件中，一旦运行被感染了病毒的程序文件，病毒便被激发，执行大量的操作，并进行自我复制。

宏病毒：它是一种特殊的文件型病毒。

脚本病毒：这种病毒对计算机机器可以有更多的控制力。

蠕虫病毒：蠕虫病毒是一种通过自身复制、网络传播，可快速传播的病毒。

木马病毒：木马病毒通常是指伪装成合法软件的非感染型病毒，它不进行自我复制，而是模仿运行环境，收集所需的信息。

114. 计算机病毒传染的主要途径有哪些?

（1）通过移动存储介质。使用带有病毒的移动存储介质，使计算机感染病毒，并通过这台计算机传染给其他移动存储介质；另外，使用一些盗版光盘安装操作系统、应用软件等，由于盗版光盘常常藏有大量计算机病毒，且这些光盘大都为只读光盘，因此光盘上的病毒不能清除。

（2）通过网络。通过网络方式传染病毒速度很快，能在很短的时间内传遍网络上的计算机。网络病毒主要是通过邮件方式和下载过程传播。

115. 什么是网络攻击?

网络攻击分为内部网络攻击和外部网络攻击。内部网络攻击大多是来自局域网内染上木马病毒的设备发出的攻击；外部网络攻击则来自于互联网上的非法入侵，目的都是想通过网络非法进入你的电脑或者网络运行系统，窃取、篡改、假冒或者破坏计算机的重要数据，导致网络运行系统瘫痪。木马、黑客病毒、IP 地址扫描、系统漏洞扫描等是网络攻击的常用手段，这些攻击也大多是由病毒或所谓黑客发起的。

116. 间谍机关是如何通过网络获取情报的？

通过网络获取情报是间谍机关的重要手段之一，它利用我们的疏忽和防范不严，在我们的网络系统和个人电脑中埋置特制的被控制端木马程序，这些被控制端木马一旦被植入受害者的电脑，操纵者就可以通过网络在控制端实时监视该用户的一切操作，窃取重要文件和信息，甚至还能远程操控受害电脑对其他电脑发动攻击。

埋置木马程序的方式多种多样，主要有：发送欺骗邮件；在网站上挂木马病毒；采取“蛙跳”的方式，用像木马、僵尸这样的程序就是通过先控制网络上某个主机，把这个主机作为跳板，操纵它来攻击真正的目标。

现在，利用内网与外网的物理隔离，确保了涉密信息的安全，这种安全手段对付外部攻击是十分有效的。但是，假如内网中某个客户端电脑通过拨号、无线网卡、双网卡等其他形式私自接入外部网络，或者将携带的笔记本电脑接入内部网络使用，事后又将该笔记本电脑接入外部网络使用，这种物理隔离就会被彻底破坏，黑客极可能通过该主机进入内部网络，进而通过嗅探、破解密码等方式对内部的涉密信息或敏感数据进行收集，或以该主机为“跳板”对内部网络的其他主机进行攻击。

117. 在大数据时代如何更好地防止信息被窃取？

随着互联网、物联网、智能手机等新技术的不断普及，用户的网页浏览、网购信息、微博微信、定位服务等数据几乎都是“透明”地展现在海量数据的汇总分析面前，互联网技术的高速发展正在将社会推入一个“大数据”的时代，各种数据不经意地被搜集并使用，原本微观、局部的信息经过汇总加工后就可能得到意想不到的结果。大数据时代对个人信息及国家秘密保护提出了更加严峻的挑战。为了更好地保护国家秘密和工作秘密，作为国家机关工作人员，应该注意做到：

（1）在计算机、手机及其他智能终端上，优先安装、使用国产软件。

（2）注册电子邮箱及社交网络时，优先选择国内运营商，并设置强密码。

（3）在社交网络（微博、微信、QQ 等）中，审慎控制个人信息对外发布的程度，尤其要警惕有些信息一旦公布，可能被推测出工作秘密、甚至国家秘密，或者影响个人安全。

（4）删除文件时，要用杀毒软件自带的文件粉碎功能，对文件进行不可恢复性粉碎。

（5）在个人计算机上，开启“Do not track”（不追踪）功能，并定期删除 Cookie 文件。

（6）在工作需要的情况下，主动关闭手机等电子产品的 GPS 定位和无线上网功能。

第三部分

失泄密案例选编

案例 1

无知导致的泄密
（保密意识不够泄密类）

2009 年 8 月，上级检查组在对 A 省进行保密检查时，发现 A 省政府发展研究中心有 3 台连接互联网的计算机上存储有涉密信息，涉嫌泄密，当即将这 3 台计算机封存，交由 A 省保密局调查处理。经密级鉴定，A 省保密局确认被封存的 3 台计算机内存储有机密级文件 3 件、秘密级文件 1 件、不宜公开的内部文件 7 件，随即向 A 省委保密委领导汇报案情。领导明确指示：查清责任，严肃处理，绝不姑息，并要求将案情在全省范围通报。

经过深入调查，酿成泄密事件的原因主要是涉案人孙某、魏某、韩某平时忙于业务，很少接受保密教育，保密意识淡薄，网络安全防范知识严重匮乏，造成了不该连的连了，不该存的存了，最终导致了计算机网络泄密的严重后果。2009 年 12 月，按照 A 省保密局的要求，省政府发展研究中心分别对 3 人作出处理：给予孙某行政记过处分，给予魏某、韩某行政警告处分。

案例 2

玩丢了的密件
（违规外带密件泄密类）

2009 年某星期六，正在家休息的 B 市南港公安分局指挥中心副主任兼机要员胡某接到市公安局的电话后，立即驱车前往市公安局领取一份近期准备在全市开展专项检查行动的机密级文件。

领取文件后，胡某没有将其送到办公室保存，而是带回了家里。下午中学同学给胡某打电话，通知他晚上参加同学聚会。胡某竟将文件揣进裤兜里，约上同学一道参加聚会，直到次日凌晨 1 点多胡某才与同学道别，搭乘出租车回家休息。

次日中午，胡某发现文件丢失，但他没有及时向局领导报告，只是自己努力查找了一遍，但没有找到。直到第二天上班后，胡某才向局领导汇报了文件丢失一事。

此后，虽经全力查找，但丢失的秘密文件仍然如石沉大海，没有一丝音信。

依据《中华人民共和国警察法》第 22 条、第 48 条的规定，B 市公安局给予胡某行政记过处分。

案例 3

令人担忧的门户网站
（信息公开泄密类）

2006年某月，有关部门在例行的互联网保密检查中发现，南方某省一地级市人民政府门户网站上完整刊登了一篇当地领导在某涉密会议上的讲话。经核实，此文属机密级国家秘密。

原来，在更新门户网站的新闻栏目时，市政府办公室电子政务处的工作人员王某准备将市领导在一次重要会议上的讲话，作为自己此次更新的重点内容。王某借到了相关领导在这次会议上的讲话稿（未标密）并复印。

按照规定，信息上传门户网站前都要进行保密审核。王某找到了市政府办公室综合四处副处长孙某，请他审核把关，不想正赶上孙某忙于其他工作，没有认真审看文件，就告诉王某：领导讲话可以公开。王某遂将复印的讲话稿刊登在市政府的门户网站上，造成泄密。

事件发生后，有关部门给予主要责任人孙某行政记过处分。

《中华人民共和国政府信息公开条例》已于2008年5月1日起施行，政务信息公开前保密审查是一个关键环节。身负审核使命的各级领导干部切不可像孙某一样，一定要真正起到把关作用。

案例 4

数字化时代的泄密阴影
（U 盘泄密类）

所谓“轮渡”木马病毒，就是运行在互联网上的名为 AutoRun.Inf 和 sys.exe 的病毒程序，其感染的主要对象是在国际互联网和涉密计算机间交叉使用的 U 盘。当用户在上国际互联网的计算机上使用 U 盘时，该病毒便以隐藏文件的形式自动复制到 U 盘内。如果用户将该 U 盘插入涉密电脑上使用，该病毒就会自动运行，将涉密电脑内的涉密文件以隐藏文件的形式拷贝到 U 盘中。当用户再用该 U 盘连接国际互联网时，该病毒又会自动运行，将隐藏在 U 盘内的涉密文件暗中“轮渡”到互联网上特定邮箱或服务器中，窃密者即可远程下载涉密信息。

以下两起案例，是近期发生真实泄密事件，都属于典型的由“轮渡”木马病毒造成的无意识泄密事件。

小刘是某机关一名干部，平时好学上进，表现突出，被组织上定为政工干部培养苗子。2008 年经组织推荐，小刘到政工班培训。去学习前，小刘特意将自己平时在机关撰写的计划、总结等涉密资料存入 U 盘，准备在学习期间进行学术交流。学习期间，小刘多次上网查阅资料，并用该 U 盘下载参考资料。在此过程中，“轮渡”木马病毒自动驻存于 U 盘中，将小刘存储的涉密资料悉数“盗”入国际互联网。事后查明，小刘泄密的资料达 32 份，他因此受到降职、降衔的严肃处理。

董教授，是某大学知名教授，平时工作兢兢业业，经常加班加点在家备课。由于需要查阅资料，他家中的电脑接入了国际互联网。董教授白天在办公室办公电脑上工作，晚上在家用个人电脑工作，经常用U盘将未完成的工作内容在两个电脑间相互拷贝。自2007年以来，董教授办公电脑内的二百多份文件资料竟鬼使神差般地“跑”进了互联网，造成重大泄密。经上级保密委员会审查鉴定，涉密文件资料达三十多份，董教授受到降职降衔、降职称的严肃处理。

案例 5

涉密硬盘竟流失境外
（计算机维修泄密类）

2010 年某月，S 市保密局接到报告：某单位一块秘密级涉密计算机的硬盘流失到境外。

原来，某单位规划处王某在自己的涉密计算机出现开机故障后，找到计算机管理员洪某，希望能让计算机供货商过来维修，但王某没有告诉洪某这是一台涉密计算机。某外资品牌的计算机售后服务部派人上门维修发现该电脑硬盘已严重损坏，由于还在保修期内，便给王某更换了一块新的硬盘，顺便带走了原来的硬盘，王某、洪某都没有阻拦。最终，这块硬盘被寄到 X 国的客服总部。

事后，王某、洪某都受到了严厉的处理。

案例 6

过失泄密害人害己
（过失泄密类）

一天晚上，某单位涉密人员Z某外出时手提包被H某抢走。Z某随即向当地公安机关报案，但在陈述包内物品时，隐瞒了包内移动硬盘中存储有涉密内容的重大事实。之后，Z某一再错失机会，未向所在单位如实报告这一突发事件，更未采取有效补救措施。案发三个月后，公安机关抓获H某，并起获上述移动硬盘，Z某到公安机关核实情况时，谎称硬盘中存储的是商业资料。

法院经审查相关证据后认为：被告人Z某违反相关保密法律规定，未经许可携带涉密文件外出，并遗失装有国家秘密的载体达三个月之久，Z某不但隐瞒不报、不如实提供有关情况，更未采取补救措施，使几十份国家秘密级和机密级文件长期处于失控状态，使国家安全和利益受到直接威胁和损害。经审理，法院认为，被告人Z某身为国家工作人员，无视国家法律，利用职务便利，非法持有属于机密级国家秘密的文件，无法说明来源与用途，其行为已触犯了《中华人民共和国刑法》第二百八十二条第二款的规定，构成非法持有国家机密文件罪；被告人Z某违反保密法规，过失泄露国家秘密，情节严重，其行为触犯了《中华人民共和国刑法》第三百九十八条的规定，构成过失泄露国家秘密罪。

根据《中华人民共和国刑法》第六十九条的规定，应对被告人Z某实行数罪并罚。法院依法判决被告人Z某犯非法持有国家机密文件罪，判处有期徒刑6个月；犯过失泄露国家秘密罪，判处有期徒刑6个月。对于法院的一审判决，Z某并未提出上诉。

案例 7

一把手家中办公险泄密
（计算机泄密类）

近日，某省保密行政管理部门在互联网上例行检查时，发现某境外情报机构正通过网络渠道，将 C 市一台连接互联网的计算机存储的信息向外传送。技术人员立即切断了该计算机的网络连接，经过缜密核查，锁定出事电脑的使用者是 C 市市政府办公室研究室的负责人陈某。

原来，陈某不仅是市政府研究室的一把手，还是单位的“笔杆子”，白天在单位忙政务，晚上回家挑灯夜战写稿子，日复一日，年复一年，使得其家用电脑里存储的文稿越来越多。由于缺乏必要的保密意识，陈某为了方便查阅资料，不久前又将该台电脑连接了互联网，本想上网、工作“两不误”，却导致了不该发生的事情出现。

唯一值得庆幸的是，陈某的家用电脑存储的文稿没有涉及国家秘密，避免了更大事故的发生。

事后，陈某受到组织的严肃处理。

案例 8

擅自摘抄酿祸端
（违规摘抄泄密类）

某年年底，国家某部在 Z 省召开一次全国范围软件使用改革工作会议，并在 Z 省开展试点工作。为此，Z 省各市相关部门都派一名负责计算机软件管理工作业务骨干参加了会议。

会议前，会议组织者明确告知与会人员，这次会议涉及全国一项重大改革方案的实施，所以会议材料均是绝密级的，按照保密规定，禁止录音和摘抄，会后所有材料全部回收。

J 市参加会议的 W 是一位业务尖子，由于工作表现突出，已被提拔为中层干部。上会后，W 感到所参与的这项工作涉及面广、对象结构复杂，为了便于向领导汇报并及时传达部署工作，W 悄悄对会议材料进行了详细摘抄。

某公司获悉这一会议精神后，为了能使该公司的软件在第一时间占领市场，他们请求 W 将会议精神通过电子文档传给该分公司，W 违反规定将资料通过互联网发给了对方。该公司收到文件，如获至宝，马上在连接互联网的计算机上进行研究、分析，并制作软件。就在这一过程中，H 省一黑客攻入了该计算机，盗走了这一绝密级的文件，并在其网站上公布，造成了严重的泄密。

J 市有关部门根据 W 在整个事件中的责任，依据有关规定，作出了撤销其职务，留党察看两年处分决定。

案例 9

泄密就在身边
（违规复制泄密类）

张教授是 A 市一所著名高校的知名教授。2008 年秋，该市某部门组织了一个课题，邀请张教授作为牵头人。经过一段时间的研究，课题形成了初步成果，该部门的李部长来到学校，听取了张教授等人的研究情况汇报，并指示办公室小刘全力协助张教授办理相关资料查阅事宜。随后，经小刘联系，张教授到该部门的档案室（保密要害部位）查阅资料。在摘抄资料的过程中，张教授发现有一份标着“机密”的文件对课题涉及问题的表述十分全面，但有十几页的篇幅，抄录时间太长。张教授想，自己一个字一个字摘抄实在太慢，如果能扫描一下岂不是事半功倍。于是，张教授请小刘帮忙扫描。小刘虽然知道机密文件按照规定是不允许随意复制的，但想到领导的指示，又觉得这个课题最终成果只是用一部分该文件中的东西，问题应该不大，于是将密级标志删除掉，把文件电子稿刻入光盘，交与张教授。同时，叮嘱张教授用完后赶紧删除。

张教授回到学校后，并没有按照小刘的要求去做，而是为了方便，把文件存进了自己的移动硬盘中留了一个备份。因张教授工作很忙，就让助教小徐把他移动硬盘中和课题相关、有用的东西进行整理。整理过程中小徐发现，张教授从该市某部门扫描的那份涉密文件参考性很强，于是直接刊登在自己的博客上，导致文件被大规模传播。

事件发生后，张教授和小刘、小徐分别受到了党纪政纪的严肃处理。

案例 10

无意泄密，退休后被批捕
（违规复制泄密类）

老黎是 B 省省委政策研究室文化研究处处长，是全室的笔杆子，快奔六十了，有着较高的理论水平。可就在他要光荣退休时，却因粗心大意造成了泄密事件，给自己的人生染上了一笔抹不掉的污点。

2009 年 4 月，根据上级安排，老黎在撰写《关于 ×× 工作的调查报告》时，向省直某单位小王借阅资料。小王借给老黎一张涉密光盘，有秘密级，有机密级，也有绝密级。为了随时阅看方便，老黎将光盘内容复制到自己的电脑里。后来，老黎又私自将这些文件刻录在一张光盘上。

2010 年 10 月，老黎经组织批准提前离岗。那张有大量涉密文件的光盘此时已完全被老黎遗忘，稀里糊涂地落入了一个无关者的手中。

数日后，当地保密工作部门在一次保密检查中意外地发现了这张涉密光盘。经查，光盘中存有绝密级文件 16 件、机密级文件 12 件、秘密级文件 5 件。

循着有关线索，保密、公安部门最终将源头锁定到了老黎，老黎随即被检察机关批捕。

案例 11

笔记本电脑成泄密重灾区
（笔记本电脑泄密类）

“北京市辖区内发生携带存储国家秘密的笔记本电脑，在无保密保障措施的情况下出入公共场所丢失、被盗的事件增多。”这是引自北京市某年泄密事件情况通报中的一段话。北京市保密局认为，涉密笔记本电脑的丢失、被盗已经成为办公自动化发展中保密管理上出现的突出问题，“应引起各级领导和涉密人员的高度警觉。”

案例：

1. 某年 5 月 16 日晚，北京市某杂志总编刘某家中被盗，丢失笔记本电脑一台。该电脑存有大量资料，包括有关航天领域等方面的资料，均涉及国家秘密。

2. 某年 7 月 17 日，某单位干部李某在北京市某饭店会议室参加全国系统内部会议，中途去接电话，回来后发现随身携带的笔记本电脑丢失。电脑内存储了机密级国家秘密工程项目资料。

3. 某年 8 月 9 日，某部团职参谋曹某乘出租汽车时将一台笔记本电脑丢失在车上，内有两份涉及军队装备方面的机密级文件。

4. 某年 9 月 6 日，某部委研究室张某，将汽车停在某小学门前接小孩放学时，放在车内的笔记本电脑被盗，内有关于统战方面的政策内容，为机密级国家秘密。

案例 12

警惕！复印机也会泄密
（复印机泄密类）

2007 年 7 月，G 市某单位突然发现专属于自己公司的客户资料不胫而走，公司的一些客户也被竞争对手挖了墙脚，为此损失惨重。可是所有客户材料一直是由公司专职秘书亲自收集整理，只打印出第一份母本，之后的复印件也从没有外传过，问题究竟出在哪里？经过缜密调查，终于发现泄密的渠道就是公司前几日送修的一台复印机，存储在复印机里的信息无意中被同样在此维修机器的竞争对手获得。

事实上，现在的大多数复印机都配有内置硬盘，它可以存储大量的历史信息，从而成为泄露个人隐私或商业秘密的隐患。

打开复印机的后盖，就会发现一个体积不大的硬盘——信息泄密的风险就藏在这里，而这个硬盘的功能与计算机中硬盘的功能相似，用以缓存复印数据，你可以随时调用经常复印的文件，而不需要原文件，非常方便。复印机的硬盘在拆除下来接入普通电脑之后，这些资料都会完整地展示在电脑中。而据相关的复印机工程师讲，复印机的硬盘和计算机硬盘相同，数据往往难以清除，简单的删除仍会有其他办法恢复数据，所以要提高警惕，防止复印环节文件泄密。

案例 13

谁该为流入社会的涉密文件埋单
（文件销毁泄密类）

某年 2 月，有关部门在某市的废旧物资收购站内发现了多达数千份的文件资料，其中，涉及机密级国家秘密内容的 90 份，内部刊物 65 份，其他文件资料 6134 份。是谁如此大胆，将涉密文件卖到废品收购站中？根据有关线索，调查人员将目光集中在该市某机关办公室副科长田某身上。原来，2 月 16 日，田某在没有办理销毁文件审批手续的情况下，擅自将清理后的涉密文件资料与其他文件、废旧书刊、报纸等混在一起，交给其岳父张某等 3 人，请这 3 人负责将所有文件资料送造纸厂销毁，并答应将销毁文件资料所得作为张某等人的劳务费。令他没有想到的是，张某为了获得更多收入，竟直接将文件资料卖给了废品收购摊贩，致使文件资料流入废旧物资收购点。事发后，有关部门给予田某留党察看一年的处分，并将其调离重点涉密岗位。

案例 14

故意泄密，罪不可赦
（故意泄密类）

某年 8 月，一封标有“机密”的《关于某省艾滋病防治工作的汇报》在未上报有关部门之前，竟被人在国际互联网上全文发表，引起国内外广泛关注，在国际上造成恶劣影响。后查明，此案竟是某省卫生厅副处长马某恶意泄密所为。

8 月 16 日 18 点 08 分，某省卫生厅疾病控制处副处长马某把刚定稿并准备上报国务院的《关于某省艾滋病防治工作的汇报》，通过其办公室连接互联网的计算机，以匿名电子邮件的形式，发给了与境外机构有关联的“爱知行动小组”负责人万某。万某在国内主要从事艾滋病研究，在国际人权组织方面有一定知名度，与境外机构联系密切。深知万某个人背景的马某，利用单位计算机保密管理上的漏洞和职务之便，在第一时间将涉及国家秘密的文件，通过互联网恶意向万某进行了泄露。

马某作为全省具体负责艾滋病防治工作的政府官员和文件起草人，深知这一行为的恶劣性质和严重后果。为掩盖罪行，马某在匿名电子邮件发出后，即刻将邮件内容从计算机硬盘上删除，前后仅用了两分零八秒，但在国家安全机关的全力侦破下，其罪行最终还是未能掩盖。万某收到邮件后于 8 月 17 日将该机密文件分别提供给了国外驻京《华盛顿邮报》、《纽约时报》、《华尔街日报》的记者，并在多维、博讯等境外互联网网站上全文发表，使该文件内容进一步扩散，造成严重泄密。

案例 15

技术移民移到了铁窗内
（科研人员泄密类）

王某，是某军工集团公司研究所工程师，从事材料研究。由于工作出色，大学毕业三年后，被破格晋升为工程师。又过了两年，他成家了。但婚后不久，王某却陷入了郁闷：将近而立，自己却没什么大的成就。默默无闻，不是他王某的性格；思前想后，王某开始留心适合自己发展的“乐土”——技术移民。在他的研究领域，发达国家有更好的专家、理论、技术手段和实验条件。经一番对比分析，他下定决心：只有N国TC公司，才是他王某真正的乐土。

王某三管齐下：做通了妻子的思想工作，使她不仅支持他的做法，还答应跟他一起走；与N国TC公司联络，表达了想去工作的强烈愿望；借出差的机会，前往北京N国使馆，申请独立技术移民。当然这一切都是在悄悄地进行着，夫妻俩守口如瓶，研究所对此一无所知。

但在N国驻华使馆面试时，使馆官员坚持要王某提供在相关领域中的工作实例。由于王某从事的是国防军工方面工作，如果提供这些实例，就泄露了国家秘密。对N国使馆官员骤然提出的问题，王某没有思想准备，面试没通过。N国使馆官员倒是显得很有耐心，告诉他TC公司可以等一段时间。

回到单位后的两个月，王某的内心在激烈地斗争着。他急于办技术移民，可眼下摆明了只有泄密才能达到目的。终于，“远大抱负”像魔鬼一样攫住了他的灵魂，遮蔽了他的良知，他把手伸向了单位的保险柜。

依照《中华人民共和国刑法》及相关规定，王某犯为境外非法提供国家秘密、情报罪，判处有期徒刑2年，剥夺政治权利2年。

案例 16

电子邮件并不可靠
（外网邮件泄密类）

现在，多数网站的邮箱都有很大的容量，对于许多经常使用网络的人，邮箱仿佛是自己一个“电子保险箱”，个人的资料甚至隐私都存放在其中。但是，邮箱这个“电子保险箱”并不安全。

一项研究显示，有 70% 的单位和个人担忧电子邮件沦为泄密管道，致使机密资料误入他人之手，导致单位或个人蒙羞、遭受经济损失。这种担忧绝对不是空穴来风，下面便是有力的证据。

使用互联网电子邮箱办公导致泄密。2011 年某月，某市保密局在检查中发现，该市发改委交通能源处使用互联网办公，文件资料传递均通过 126 电子邮箱收发。检查组当即断开所有办公计算机与互联网的连接，经检查鉴定，该处工作人员使用的 5 个 126 电子邮箱存储、传递过 7 份秘密级文件资料。事后，该市发改委给予交通能源处处长邱某行政降级处分并调离该处，副处长马某行政记大过处分，分管领导发改委副主任袁某因负有领导责任被给予行政警告、党内警告处分。

个人邮件被入侵伪造导致商业损失。2005 年 12 月 5 日，某市法院对一起邮件欺诈事件进行了判决。犯罪嫌疑人柳某被判处有期徒刑 10 年，并责以处罚金人民币 2 万元。回顾一下案件缘由，柳某在网吧上网时，利用专业知识，潜入夏某的电子邮箱，发现夏某正在利用电子邮件与远在某国的客户洽谈生意，且某国的客户正准备向夏某汇来货款。柳某便伪造邮箱地址，假冒夏某名义把虚假开户行信息发给也门的客户,致使某国客户将4万美元货款汇入骗子柳某的银行户头内。

案例 17

涉密文件失窃后如何应对
（密件失窃后快速处置类）

2012 年某日，H 省保密局突然接报：省内某军工单位在高速公路上丢失 1 份机密级文件，文件内容涉及某国防工程。H 省保密局立即起启动全省泄密突发事件处置预案，多部门联合侦查工作紧锣密鼓展开。对可能的高速公路案发路段两侧边坡、沟渠、草丛搜索；通过手机等丢失物品为线索寻找文件；调取该车所经路段的所有监控录像等。经过走访摸排和缜密侦查，高速公路途经路段村民黄某、尚某有重大作案嫌疑。经过突击审讯，两嫌疑人对犯罪过程供认不讳，两人在高速公路上放置工具扎破过往车辆轮胎，待车上人员更换轮胎时，盗窃车内物品。后逃离时，将包内现金取出，摔毁手机，将包及其他物品焚毁。经指认，侦查人员找到了焚烧现场，在灰烬中发现了火烧后带有文字的纸张残留物。经技术鉴定，纸张残留物正是被盗的机密文件残片。

这次案件的快速侦破，反映了 H 省对保密工作的高度重视，发挥了多部门联动机制的优势，同时，案发单位不遮丑，在第一时间报案，也为破案赢得了时机。

第四部分

保密法规文件汇编

文件 1

中华人民共和国保守国家秘密法

（2010 年 4 月 29 日第十一届全国人民代表大会常务委员会第十四次会议修订）

第一章 总 则

第一条 为了保守国家秘密，维护国家安全和利益，保障改革开放和社会主义建设事业的顺利进行，制定本法。

第二条 国家秘密是关系国家安全和利益，依照法定程序确定，在一定时间内只限一定范围的人员知悉的事项。

第三条 国家秘密受法律保护。一切国家机关、武装力量、政党、社会团体、企业事业单位和公民都有保守国家秘密的义务。任何危害国家秘密安全的行为，都必须受到法律追究。

第四条 保守国家秘密的工作（以下简称保密工作），实行积极防范、突出重点、依法管理的方针，既确保国家秘密安全，又便利信息资源合理利用。法律、行政法规规定公开的事项，应当依法公开。

第五条 国家保密行政管理部门主管全国的保密工作。县级以上地方各级保密行政管理部门主管本行政区域的保密工作。

第六条 国家机关和涉及国家秘密的单位（以下简称机关、单位）管理本机关和本单位的保密工作。中央国家机关在其职权范围内，管理或者指导本系统的保密工作。

第七条 机关、单位应当实行保密工作责任制，健全保密管理制度，完善保密防护措施，开展保密宣传教育，加强保密检查。

第八条　国家对在保守、保护国家秘密以及改进保密技术、措施等方面成绩显著的单位或者个人给予奖励。

第二章　国家秘密的范围和密级

第九条　下列涉及国家安全和利益的事项，泄露后可能损害国家在政治、经济、国防、外交等领域的安全和利益的，应当确定为国家秘密：

（一）国家事务重大决策中的秘密事项；

（二）国防建设和武装力量活动中的秘密事项；

（三）外交和外事活动中的秘密事项以及对外承担保密义务的秘密事项；

（四）国民经济和社会发展中的秘密事项；

（五）科学技术中的秘密事项；

（六）维护国家安全活动和追查刑事犯罪中的秘密事项；

（七）经国家保密行政管理部门确定的其他秘密事项。政党的秘密事项中符合前款规定的，属于国家秘密。

第十条　国家秘密的密级分为绝密、机密、秘密三级。

绝密级国家秘密是最重要的国家秘密，泄露会使国家安全和利益遭受特别严重的损害；机密级国家秘密是重要的国家秘密，泄露会使国家安全和利益遭受严重的损害；秘密级国家秘密是一般的国家秘密，泄露会使国家安全和利益遭受损害。

第十一条　国家秘密及其密级的具体范围，由国家保密行政管理部门分别会同外交、公安、国家安全和其他中央有关机关规定。

军事方面的国家秘密及其密级的具体范围，由中央军事委员会规定。国家秘密及其密级的具体范围的规定，应当在有关范围内公布，并根据情况变化及时调整。

第十二条 机关、单位负责人及其指定的人员为定密责任人，负责本机关、本单位的国家秘密确定、变更和解除工作。

机关、单位确定、变更和解除本机关、本单位的国家秘密，应当由承办人提出具体意见，经定密责任人审核批准。

第十三条 确定国家秘密的密级，应当遵守定密权限。

中央国家机关、省级机关及其授权的机关、单位可以确定绝密级、机密级和秘密级国家秘密；设区的市、自治州一级的机关及其授权的机关、单位可以确定机密级和秘密级国家秘密。具体的定密权限、授权范围由国家保密行政管理部门规定。

机关、单位执行上级确定的国家秘密事项，需要定密的，根据所执行的国家秘密事项的密级确定。下级机关、单位认为本机关、本单位产生的有关定密事项属于上级机关、单位的定密权限，应当先行采取保密措施，并立即报请上级机关、单位确定；没有上级机关、单位的，应当立即提请有相应定密权限的业务主管部门或者保密行政管理部门确定。

公安、国家安全机关在其工作范围内按照规定的权限确定国家秘密的密级。

第十四条 机关、单位对所产生的国家秘密事项，应当按照国家秘密及其密级的具体范围的规定确定密级，同时确定保密期限和知悉范围。

第十五条 国家秘密的保密期限，应当根据事项的性质和特点，按照维护国家安全和利益的需要，限定在必要的期限内；不能确定期限的，应当确定解密的条件。

国家秘密的保密期限，除另有规定外，绝密级不超过三十年，机密级不超过二十年，秘密级不超过十年。

机关、单位应当根据工作需要，确定具体的保密期限、解密时间或者解密条件。

机关、单位对在决定和处理有关事项工作过程中确定需要保密的事项，根据工作需要决定公开的，正式公布时即视为解密。

第十六条　国家秘密的知悉范围，应当根据工作需要限定在最小范围。

国家秘密的知悉范围能够限定到具体人员的，限定到具体人员；不能限定到具体人员的，限定到机关、单位，由机关、单位限定到具体人员。

国家秘密的知悉范围以外的人员，因工作需要知悉国家秘密的，应当经过机关、单位负责人批准。

第十七条　机关、单位对承载国家秘密的纸介质、光介质、电磁介质等载体（以下简称国家秘密载体）以及属于国家秘密的设备、产品，应当做出国家秘密标志。

不属于国家秘密的，不应当做出国家秘密标志。

第十八条　国家秘密的密级、保密期限和知悉范围，应当根据情况变化及时变更。国家秘密的密级、保密期限和知悉范围的变更，由原定密机关、单位决定，也可以由其上级机关决定。

国家秘密的密级、保密期限和知悉范围变更的，应当及时书面通知知悉范围内的机关、单位或者人员。

第十九条　国家秘密的保密期限已满的，自行解密。

机关、单位应当定期审核所确定的国家秘密。对在保密期限内因保密事项范围调整不再作为国家秘密事项，或者公开后不会损害国家安全和利益，不需要继续保密的，应当及时解密；对需要延长保密期限的，应当在原保密期限届满前重新确定保密期限。提前解密或者延长保密期限的，由原定密机关、单位决定，也可以由其上级机关决定。

第二十条　机关、单位对是否属于国家秘密或者属于何种密级不明确或者有争议的，由国家保密行政管理部门或者省、自治区、直辖市保密行政管理部门确定。

第三章 保密制度

第二十一条 国家秘密载体的制作、收发、传递、使用、复制、保存、维修和销毁，应当符合国家保密规定。

绝密级国家秘密载体应当在符合国家保密标准的设施、设备中保存，并指定专人管理；未经原定密机关、单位或者其上级机关批准，不得复制和摘抄；收发、传递和外出携带，应当指定人员负责，并采取必要的安全措施。

第二十二条 属于国家秘密的设备、产品的研制、生产、运输、使用、保存、维修和销毁，应当符合国家保密规定。

第二十三条 存储、处理国家秘密的计算机信息系统（以下简称涉密信息系统）按照涉密程度实行分级保护。

涉密信息系统应当按照国家保密标准配备保密设施、设备。保密设施、设备应当与涉密信息系统同步规划，同步建设，同步运行。

涉密信息系统应当按照规定，经检查合格后，方可投入使用。

第二十四条 机关、单位应当加强对涉密信息系统的管理，任何组织和个人不得有下列行为：

（一）将涉密计算机、涉密存储设备接入互联网及其他公共信息网络；

（二）在未采取防护措施的情况下，在涉密信息系统与互联网及其他公共信息网络之间进行信息交换；

（三）使用非涉密计算机、非涉密存储设备存储、处理国家秘密信息；

（四）擅自卸载、修改涉密信息系统的安全技术程序、管理程序；

（五）将未经安全技术处理的退出使用的涉密计算机、涉密存储设备赠送、出售、丢弃或者改作其他用途。

第二十五条　机关、单位应当加强对国家秘密载体的管理，任何组织和个人不得有下列行为：

（一）非法获取、持有国家秘密载体；

（二）买卖、转送或者私自销毁国家秘密载体；

（三）通过普通邮政、快递等无保密措施的渠道传递国家秘密载体；

（四）邮寄、托运国家秘密载体出境；

（五）未经有关主管部门批准，携带、传递国家秘密载体出境。

第二十六条　禁止非法复制、记录、存储国家秘密。

禁止在互联网及其他公共信息网络或者未采取保密措施的有线和无线通信中传递国家秘密。

禁止在私人交往和通信中涉及国家秘密。

第二十七条　报刊、图书、音像制品、电子出版物的编辑、出版、印制、发行，广播节目、电视节目、电影的制作和播放，互联网、移动通信网等公共信息网络及其他传媒的信息编辑、发布，应当遵守有关保密规定。

第二十八条　互联网及其他公共信息网络运营商、服务商应当配合公安机关、国家安全机关、检察机关对泄密案件进行调查；发现利用互联网及其他公共信息网络发布的信息涉及泄露国家秘密的，应当立即停止传输，保存有关记录，向公安机关、国家安全机关或者保密行政管理部门报告；应当根据公安机关、国家安全机关或者保密行政管理部门的要求，删除涉及泄露国家秘密的信息。

第二十九条　机关、单位公开发布信息以及对涉及国家秘密的工程、货物、服务进行采购时，应当遵守保密规定。

第三十条 机关、单位对外交往与合作中需要提供国家秘密事项，或者任用、聘用的境外人员因工作需要知悉国家秘密的，应当报国务院有关主管部门或者省、自治区、直辖市人民政府有关主管部门批准，并与对方签订保密协议。

第三十一条 举办会议或者其他活动涉及国家秘密的，主办单位应当采取保密措施，并对参加人员进行保密教育，提出具体保密要求。

第三十二条 机关、单位应当将涉及绝密级或者较多机密级、秘密级国家秘密的机构确定为保密要害部门，将集中制作、存放、保管国家秘密载体的专门场所确定为保密要害部位，按照国家保密规定和标准配备、使用必要的技术防护设施、设备。

第三十三条 军事禁区和属于国家秘密不对外开放的其他场所、部位，应当采取保密措施，未经有关部门批准，不得擅自决定对外开放或者扩大开放范围。

第三十四条 从事国家秘密载体制作、复制、维修、销毁，涉密信息系统集成，或者武器装备科研生产等涉及国家秘密业务的企业事业单位，应当经过保密审查，具体办法由国务院规定。

机关、单位委托企业事业单位从事前款规定的业务，应当与其签订保密协议，提出保密要求，采取保密措施。

第三十五条 在涉密岗位工作的人员（以下简称涉密人员），按照涉密程度分为核心涉密人员、重要涉密人员和一般涉密人员，实行分类管理。

任用、聘用涉密人员应当按照有关规定进行审查。

涉密人员应当具有良好的政治素质和品行，具有胜任涉密岗位所要求的工作能力。

涉密人员的合法权益受法律保护。

第三十六条　涉密人员上岗应当经过保密教育培训，掌握保密知识技能，签订保密承诺书，严格遵守保密规章制度，不得以任何方式泄露国家秘密。

第三十七条　涉密人员出境应当经有关部门批准，有关机关认为涉密人员出境将对国家安全造成危害或者对国家利益造成重大损失的，不得批准出境。

第三十八条　涉密人员离岗离职实行脱密期管理。涉密人员在脱密期内，应当按照规定履行保密义务，不得违反规定就业，不得以任何方式泄露国家秘密。

第三十九条　机关、单位应当建立健全涉密人员管理制度，明确涉密人员的权利、岗位责任和要求，对涉密人员履行职责情况开展经常性的监督检查。

第四十条　国家工作人员或者其他公民发现国家秘密已经泄露或者可能泄露时，应当立即采取补救措施并及时报告有关机关、单位。机关、单位接到报告后，应当立即作出处理，并及时向保密行政管理部门报告。

第四章　监 督 管 理

第四十一条　国家保密行政管理部门依照法律、行政法规的规定，制定保密规章和国家保密标准。

第四十二条　保密行政管理部门依法组织开展保密宣传教育、保密检查、保密技术防护和泄密案件查处工作，对机关、单位的保密工作进行指导和监督。

第四十三条　保密行政管理部门发现国家秘密确定、变更或者解除不当的，应当及时通知有关机关、单位予以纠正。

第四十四条　保密行政管理部门对机关、单位遵守保密制度的情况进行检查，有关机关、单位应当配合。保密行政管理部门发现机关、单位存在泄密隐患的，应当要求其采取措施，限期整改；对存在泄密隐患的设施、设备、场所，应当责令停止使用；对严重违反保密规定的涉密人员，应当建议有关机关、单位给予处分并调离涉密岗位；发现涉嫌泄露国家秘密的，应当督促、指导有关机关、单位进行调查处理。涉嫌犯罪的，移送司法机关处理。

第四十五条 保密行政管理部门对保密检查中发现的非法获取、持有的国家秘密载体，应当予以收缴。

第四十六条 办理涉嫌泄露国家秘密案件的机关，需要对有关事项是否属于国家秘密以及属于何种密级进行鉴定的，由国家保密行政管理部门或者省、自治区、直辖市保密行政管理部门鉴定。

第四十七条 机关、单位对违反保密规定的人员不依法给予处分的，保密行政管理部门应当建议纠正，对拒不纠正的，提请其上一级机关或者监察机关对该机关、单位负有责任的领导人员和直接责任人员依法予以处理。

第五章 法 律 责 任

第四十八条 违反本法规定，有下列行为之一的，依法给予处分；构成犯罪的，依法追究刑事责任：

（一）非法获取、持有国家秘密载体的；

（二）买卖、转送或者私自销毁国家秘密载体的；

（三）通过普通邮政、快递等无保密措施的渠道传递国家秘密载体的；

（四）邮寄、托运国家秘密载体出境，或者未经有关主管部门批准，携带、传递国家秘密载体出境的；

（五）非法复制、记录、存储国家秘密的；

（六）在私人交往和通信中涉及国家秘密的；

（七）在互联网及其他公共信息网络或者未采取保密措施的有线和无线通信中传递国家秘密的；

（八）将涉密计算机、涉密存储设备接入互联网及其他公共信息网络的；

（九）在未采取防护措施的情况下，在涉密信息系统与互联网及其他公共信息网络之间进行信息交换的；

（十）使用非涉密计算机、非涉密存储设备存储、处理国家秘密信息的；

（十一）擅自卸载、修改涉密信息系统的安全技术程序、管理程序的；

（十二）将未经安全技术处理的退出使用的涉密计算机、涉密存储设备赠送、出售、丢弃或者改作其他用途的。

有前款行为尚不构成犯罪，且不适用处分的人员，由保密行政管理部门督促其所在机关、单位予以处理。

第四十九条　机关、单位违反本法规定，发生重大泄密案件的，由有关机关、单位依法对直接负责的主管人员和其他直接责任人员给予处分；不适用处分的人员，由保密行政管理部门督促其主管部门予以处理。

机关、单位违反本法规定，对应当定密的事项不定密，或者对不应当定密的事项定密，造成严重后果的，由有关机关、单位依法对直接负责的主管人员和其他直接责任人员给予处分。

第五十条　互联网及其他公共信息网络运营商、服务商违反本法第二十八条规定的，由公安机关或者国家安全机关、信息产业主管部门按照各自职责分工依法予以处罚。

第五十一条　保密行政管理部门的工作人员在履行保密管理职责中滥用职权、玩忽职守、徇私舞弊的，依法给予处分；

构成犯罪的，依法追究刑事责任。

第六章　附　　则

第五十二条　中央军事委员会根据本法制定中国人民解放军保密条例。

第五十三条　本法自 2010 年 10 月 1 日起施行。

文件 2

中华人民共和国保守国家秘密法实施条例

中华人民共和国国务院令（第 646 号）

现公布《中华人民共和国保守国家秘密法实施条例》，自 2014 年 3 月 1 日起施行。

总理　李克强

2014 年 1 月 17 日

中华人民共和国保守国家秘密法实施条例

第一章　总　　则

第一条　根据《中华人民共和国保守国家秘密法》（以下简称保密法）的规定，制定本条例。

第二条　国家保密行政管理部门主管全国的保密工作。县级以上地方各级保密行政管理部门在上级保密行政管理部门指导下，主管本行政区域的保密工作。

第三条　中央国家机关在其职权范围内管理或者指导本系统的保密工作，监督执行保密法律法规，可以根据实际情况制定或者会同有关部门制定主管业务方面的保密规定。

第四条　县级以上人民政府应当加强保密基础设施建设和关键保密科技产品的配备。

省级以上保密行政管理部门应当加强关键保密科技产品的研发工作。

保密行政管理部门履行职责所需的经费，应当列入本级人民政府财政预算。机关、单位开展保密工作所需经费应当列入本机关、本单位的年度财政预算或者年度收支计划。

第五条 机关、单位不得将依法应当公开的事项确定为国家秘密，不得将涉及国家秘密的信息公开。

第六条 机关、单位实行保密工作责任制。机关、单位负责人对本机关、本单位的保密工作负责，工作人员对本岗位的保密工作负责。

机关、单位应当根据保密工作需要设立保密工作机构或者指定人员专门负责保密工作。

机关、单位及其工作人员履行保密工作责任制情况应当纳入年度考评和考核内容。

第七条 各级保密行政管理部门应当组织开展经常性的保密宣传教育。机关、单位应当定期对本机关、本单位工作人员进行保密形势、保密法律法规、保密技术防范等方面的教育培训。

第二章　国家秘密的范围和密级

第八条 国家秘密及其密级的具体范围（以下称保密事项范围）应当明确规定国家秘密具体事项的名称、密级、保密期限、知悉范围。

保密事项范围应当根据情况变化及时调整。制定、修订保密事项范围应当充分论证，听取有关机关、单位和相关领域专家的意见。

第九条 机关、单位负责人为本机关、本单位的定密责任人，根据工作需要，可以指定其他人员为定密责任人。

专门负责定密的工作人员应当接受定密培训，熟悉定密职责和保密事项范围，掌握定密程序和方法。

第十条　定密责任人在职责范围内承担有关国家秘密确定、变更和解除工作。具体职责是：

（一）审核批准本机关、本单位产生的国家秘密的密级、保密期限和知悉范围；

（二）对本机关、本单位产生的尚在保密期限内的国家秘密进行审核，作出是否变更或者解除的决定；

（三）对是否属于国家秘密和属于何种密级不明确的事项先行拟定密级，并按照规定的程序报保密行政管理部门确定。

第十一条　中央国家机关、省级机关以及设区的市、自治州级机关可以根据保密工作需要或者有关机关、单位的申请，在国家保密行政管理部门规定的定密权限、授权范围内作出定密授权。

定密授权应当以书面形式作出。授权机关应当对被授权机关、单位履行定密授权的情况进行监督。

中央国家机关、省级机关作出的授权，报国家保密行政管理部门备案；设区的市、自治州级机关作出的授权，报省、自治区、直辖市保密行政管理部门备案。

第十二条　机关、单位应当在国家秘密产生的同时，由承办人依据有关保密事项范围拟定密级、保密期限和知悉范围，报定密责任人审核批准，并采取相应保密措施。

第十三条　机关、单位对所产生的国家秘密，应当按照保密事项范围的规定确定具体的保密期限；保密事项范围没有规定具体保密期限的，可以根据工作需要，在保密法规定的保密期限内确定；不能确定保密期限的，应当确定解密条件。

国家秘密的保密期限，自标明的制发日起计算；不能标明制发日的，确定该国家秘密的机关、单位应当书面通知知悉范围内的机关、单位和人员，保密期限自通知之日起计算。

第十四条 机关、单位应当按照保密法的规定，严格限定国家秘密的知悉范围，对知悉机密级以上国家秘密的人员，应当作出书面记录。

第十五条 国家秘密载体以及属于国家秘密的设备、产品的明显部位应当标注国家秘密标志。国家秘密标志应当标注密级和保密期限。国家秘密的密级和保密期限发生变更的，应当及时对原国家秘密标志作出变更。

无法标注国家秘密标志的，确定该国家秘密的机关、单位应当书面通知知悉范围内的机关、单位和人员。

第十六条 机关、单位对所产生的国家秘密，认为符合保密法有关解密或者延长保密期限规定的，应当及时解密或者延长保密期限。

机关、单位对不属于本机关、本单位产生的国家秘密，认为符合保密法有关解密或者延长保密期限规定的，可以向原定密机关、单位或者其上级机关、单位提出建议。

已经依法移交各级国家档案馆的属于国家秘密的档案，由原定密机关、单位按照国家有关规定进行解密审核。

第十七条 机关、单位被撤销或者合并的，该机关、单位所确定国家秘密的变更和解除，由承担其职能的机关、单位负责，也可以由其上级机关、单位或者保密行政管理部门指定的机关、单位负责。

第十八条 机关、单位发现本机关、本单位国家秘密的确定、变更和解除不当的，应当及时纠正；上级机关、单位发现下级机关、单位国家秘密的确定、变更和解除不当的，应当及时通知其纠正，也可以直接纠正。

第十九条 机关、单位对符合保密法的规定，但保密事项范围没有规定的不明确事项，应当先行拟定密级、保密期限和知悉范围，采取相应的保密措施，并自拟定之日起10日内报有关部门确定。拟定为绝密级的事项和中央国家机关拟定的机密级、秘密级的事项，报国家保密行政管理部门确定；其他机关、单位拟定的机密级、秘密级的事项，报省、自治区、直辖市保密行政管理部门确定。

保密行政管理部门接到报告后，应当在10日内作出决定。省、自治区、直辖市保密行政管理部门还应当将所作决定及时报国家保密行政管理部门备案。

第二十条　机关、单位对已定密事项是否属于国家秘密或者属于何种密级有不同意见的，可以向原定密机关、单位提出异议，由原定密机关、单位作出决定。

机关、单位对原定密机关、单位未予处理或者对作出的决定仍有异议的，按照下列规定办理：

（一）确定为绝密级的事项和中央国家机关确定的机密级、秘密级的事项，报国家保密行政管理部门确定。

（二）其他机关、单位确定的机密级、秘密级的事项，报省、自治区、直辖市保密行政管理部门确定；对省、自治区、直辖市保密行政管理部门作出的决定有异议的，可以报国家保密行政管理部门确定。

在原定密机关、单位或者保密行政管理部门作出决定前，对有关事项应当按照主张密级中的最高密级采取相应的保密措施。

第三章　保 密 制 度

第二十一条　国家秘密载体管理应当遵守下列规定：

（一）制作国家秘密载体，应当由机关、单位或者经保密行政管理部门保密审查合格的单位承担，制作场所应当符合保密要求。

（二）收发国家秘密载体，应当履行清点、编号、登记、签收手续。

（三）传递国家秘密载体，应当通过机要交通、机要通信或者其他符合保密要求的方式进行。

（四）复制国家秘密载体或者摘录、引用、汇编属于国家秘密的内容，应当按照规定报批，不得擅自改变原件的密级、保密期限和知悉范围，复制件应当加盖复制机关、单位戳记，并视同原件进行管理。

（五）保存国家秘密载体的场所、设施、设备，应当符合国家保密要求。

（六）维修国家秘密载体，应当由本机关、本单位专门技术人员负责。确需外单位人员维修的，应当由本机关、本单位的人员现场监督；确需在本机关、本单位以外维修的，应当符合国家保密规定。

（七）携带国家秘密载体外出，应当符合国家保密规定，并采取可靠的保密措施；携带国家秘密载体出境的，应当按照国家保密规定办理批准和携带手续。

第二十二条 销毁国家秘密载体应当符合国家保密规定和标准，确保销毁的国家秘密信息无法还原。

销毁国家秘密载体应当履行清点、登记、审批手续，并送交保密行政管理部门设立的销毁工作机构或者保密行政管理部门指定的单位销毁。机关、单位确因工作需要，自行销毁少量国家秘密载体的，应当使用符合国家保密标准的销毁设备和方法。

第二十三条 涉密信息系统按照涉密程度分为绝密级、机密级、秘密级。机关、单位应当根据涉密信息系统存储、处理信息的最高密级确定系统的密级，按照分级保护要求采取相应的安全保密防护措施。

第二十四条 涉密信息系统应当由国家保密行政管理部门设立或者授权的保密测评机构进行检测评估，并经设区的市、自治州级以上保密行政管理部门审查合格，方可投入使用。

公安、国家安全机关的涉密信息系统投入使用的管理办法，由国家保密行政管理部门会同国务院公安、国家安全部门另行规定。

第二十五条 机关、单位应当加强涉密信息系统的运行使用管理，指定专门机构或者人员负责运行维护、安全保密管理和安全审计，定期开展安全保密检查和风险评估。

涉密信息系统的密级、主要业务应用、使用范围和使用环境等发生变化或者涉密信息系统不再使用的，应当按照国家保密规定及时向保密行政管理部门报告，并采取相应措施。

第二十六条 机关、单位采购涉及国家秘密的工程、货物和服务的，应当根据国家保密规定确定密级，并符合国家保密规定和标准。机关、单位应当对提供工程、货物和服务的单位提出保密管理要求，并与其签订保密协议。

政府采购监督管理部门、保密行政管理部门应当依法加强对涉及国家秘密的工程、货物和服务采购的监督管理。

第二十七条 举办会议或者其他活动涉及国家秘密的，主办单位应当采取下列保密措施：

（一）根据会议、活动的内容确定密级，制定保密方案，限定参加人员范围；

（二）使用符合国家保密规定和标准的场所、设施、设备；

（三）按照国家保密规定管理国家秘密载体；

（四）对参加人员提出具体保密要求。

第二十八条 企业事业单位从事国家秘密载体制作、复制、维修、销毁，涉密信息系统集成或者武器装备科研生产等涉及国家秘密的业务（以下简称涉密业务），应当由保密行政管理部门或者保密行政管理部门会同有关部门进行保密审查。保密审查不合格的，不得从事涉密业务。

第二十九条 从事涉密业务的企业事业单位应当具备下列条件：

（一）在中华人民共和国境内依法成立3年以上的法人，无违法犯罪记录；

（二）从事涉密业务的人员具有中华人民共和国国籍；

（三）保密制度完善，有专门的机构或者人员负责保密工作；

（四）用于涉密业务的场所、设施、设备符合国家保密规定和标准；

（五）具有从事涉密业务的专业能力；

（六）法律、行政法规和国家保密行政管理部门规定的其他条件。

第三十条 涉密人员的分类管理、任（聘）用审查、脱密期管理、权益保障等具体办法，由国家保密行政管理部门会同国务院有关主管部门制定。

第四章 监督管理

第三十一条 机关、单位应当向同级保密行政管理部门报送本机关、本单位年度保密工作情况。下级保密行政管理部门应当向上级保密行政管理部门报送本行政区域年度保密工作情况。

第三十二条 保密行政管理部门依法对机关、单位执行保密法律法规的下列情况进行检查：

（一）保密工作责任制落实情况；

（二）保密制度建设情况；

（三）保密宣传教育培训情况；

（四）涉密人员管理情况；

（五）国家秘密确定、变更和解除情况；

（六）国家秘密载体管理情况；

（七）信息系统和信息设备保密管理情况；

（八）互联网使用保密管理情况；

（九）保密技术防护设施设备配备使用情况；

（十）涉密场所及保密要害部门、部位管理情况；

（十一）涉密会议、活动管理情况；

（十二）信息公开保密审查情况。

第三十三条　保密行政管理部门在保密检查过程中，发现有泄密隐患的，可以查阅有关材料、询问人员、记录情况；对有关设施、设备、文件资料等可以依法先行登记保存，必要时进行保密技术检测。有关机关、单位及其工作人员对保密检查应当予以配合。

保密行政管理部门实施检查后，应当出具检查意见，对需要整改的，应当明确整改内容和期限。

第三十四条　机关、单位发现国家秘密已经泄露或者可能泄露的，应当立即采取补救措施，并在24小时内向同级保密行政管理部门和上级主管部门报告。

地方各级保密行政管理部门接到泄密报告的，应当在24小时内逐级报至国家保密行政管理部门。

第三十五条　保密行政管理部门对公民举报、机关和单位报告、保密检查发现、有关部门移送的涉嫌泄露国家秘密的线索和案件，应当依法及时调查或者组织、督促有关机关、单位调查处理。调查工作结束后，认为有违反保密法律法规的事实，需要追究责任的，保密行政管理部门可以向有关机关、单位提出处理建议。有关机关、单位应当及时将处理结果书面告知同级保密行政管理部门。

第三十六条 保密行政管理部门收缴非法获取、持有的国家秘密载体，应当进行登记并出具清单，查清密级、数量、来源、扩散范围等，并采取相应的保密措施。

保密行政管理部门可以提请公安、工商行政管理等有关部门协助收缴非法获取、持有的国家秘密载体，有关部门应当予以配合。

第三十七条 国家保密行政管理部门或者省、自治区、直辖市保密行政管理部门应当依据保密法律法规和保密事项范围，对办理涉嫌泄露国家秘密案件的机关提出鉴定的事项是否属于国家秘密、属于何种密级作出鉴定。

保密行政管理部门受理鉴定申请后，应当自受理之日起30日内出具鉴定结论；不能按期出具鉴定结论的，经保密行政管理部门负责人批准，可以延长30日。

第三十八条 保密行政管理部门及其工作人员应当按照法定的职权和程序开展保密审查、保密检查和泄露国家秘密案件查处工作，做到科学、公正、严格、高效，不得利用职权谋取利益。

第五章 法律责任

第三十九条 机关、单位发生泄露国家秘密案件不按照规定报告或者未采取补救措施的，对直接负责的主管人员和其他直接责任人员依法给予处分。

第四十条 在保密检查或者泄露国家秘密案件查处中，有关机关、单位及其工作人员拒不配合，弄虚作假，隐匿、销毁证据，或者以其他方式逃避、妨碍保密检查或者泄露国家秘密案件查处的，对直接负责的主管人员和其他直接责任人员依法给予处分。

企业事业单位及其工作人员协助机关、单位逃避、妨碍保密检查或者泄露国家秘密案件查处的，由有关主管部门依法予以处罚。

第四十一条　经保密审查合格的企业事业单位违反保密管理规定的，由保密行政管理部门责令限期整改，逾期不改或者整改后仍不符合要求的，暂停涉密业务；情节严重的，停止涉密业务。

第四十二条　涉密信息系统未按照规定进行检测评估和审查而投入使用的，由保密行政管理部门责令改正，并建议有关机关、单位对直接负责的主管人员和其他直接责任人员依法给予处分。

第四十三条　机关、单位委托未经保密审查的单位从事涉密业务的，由有关机关、单位对直接负责的主管人员和其他直接责任人员依法给予处分。

未经保密审查的单位从事涉密业务的，由保密行政管理部门责令停止违法行为；有违法所得的，由工商行政管理部门没收违法所得。

第四十四条　保密行政管理部门未依法履行职责，或者滥用职权、玩忽职守、徇私舞弊的，对直接负责的主管人员和其他直接责任人员依法给予处分；构成犯罪的，依法追究刑事责任。

第六章　附　　则

第四十五条　本条例自 2014 年 3 月 1 日起施行。1990 年 4 月 25 日国务院批准、1990 年 5 月 25 日国家保密局发布的《中华人民共和国保守国家秘密法实施办法》同时废止。

文件 3

中华人民共和国宪法

（2004 年修订，节选）

第五十三条 中华人民共和国必须遵守宪法和法律，保守国家秘密，爱护公共财产，遵守劳动纪律，遵守公共秩序，尊重社会公德。

第七十六条 全国人民代表大会代表必须模范的遵守宪法和法律，保守国家秘密，并且在自己参加的生产、工作和社会活动中，协助宪法和法律的实施。

文件 4

中华人民共和国刑法

（2011 年修正，节选）

第一百零九条　国家机关工作人员在履行公务期间，擅离岗位，叛逃境外或者在境外叛逃，危害中华人民共和国国家安全的，处五年以下有期徒刑、拘役、管制或者剥夺政治权利；情节严重的，处五年以上十年以下有期徒刑。

掌握国家秘密的国家工作人员犯前款罪的，依照前款的规定从重处罚。

第一百一十一条　为境外的机构、组织、人员窃取、刺探、收买、非法提供国家秘密或者情报的，处五年以上十年以下有期徒刑；情节特别严重的，处十年以上有期徒刑或者无期徒刑；情节较轻的，处五年以下有期徒刑、拘役、管制或者剥夺政治权利。

第一百一十三条　本章上述危害国家安全罪行中，除第一百零三条第二款、第一百零五条、第一百零七条、第一百零九条外，对国家和人民危害特别严重、情节特别恶劣的，可以判处死刑。

犯本章之罪的，可以并处没收财产。

第二百八十二条　以窃取、刺探、收买方法，非法获取国家秘密的，处三年以下有期徒刑、拘役、管制或者剥夺政治权利；情节严重的，处三年以上七年以下有期徒刑。

非法持有属于国家绝密、机密的文件、资料或者其他物品，拒不说明来源与用途的，处三年以下有期徒刑、拘役或者管制。

第二百八十七条　利用计算机实施金融诈骗、盗窃、贪污、挪用公款、窃取国家秘密或者其他犯罪的，依照本法有关规定定罪处罚。

第三百九十八条 国家机关工作人员违反保守国家秘密法的规定，故意或者过失泄露国家秘密，情节严重的，处三年以下有期徒刑或者拘役；情节特别严重的，处三年以上七年以下有期徒刑。

非国家机关工作人员犯前款罪的，依照前款的规定酌情处罚。

第四百三十一条 以窃取、刺探、收买方法，非法获取军事秘密的，处五年以下有期徒刑；情节严重的，处五年以上十年以下有期徒刑；情节特别严重的，处十年以上有期徒刑。

为境外的机构、组织、人员窃取、刺探、收买、非法提供军事秘密的，处十年以上有期徒刑、无期徒刑或者死刑。

第四百三十二条 违反保守国家秘密法规，故意或者过失泄露军事秘密，情节严重的，处五年以下有期徒刑或者拘役；情节特别严重的，处五年以上十年以下有期徒刑。

战时犯前款罪的，处五年以上十年以下有期徒刑；情节特别严重的，处十年以上有期徒刑或者无期徒刑。

文件 5

中华人民共和国刑事诉讼法

（2012 年修正，节选）

第五十二条　人民法院、人民检察院和公安机关有权向有关单位和个人收集、调取证据。有关单位和个人应当如实提供证据。

行政机关在行政执法和查办案件过程中收集的物证、书证、视听资料、电子数据等证据材料，在刑事诉讼中可以作为证据使用。

对涉及国家秘密、商业秘密、个人隐私的证据，应当保密。

凡是伪造证据、隐匿证据或者毁灭证据的，无论属于何方，必须受法律追究。

第一百五十条　采取技术侦查措施，必须严格按照批准的措施种类、适用对象和期限执行。

侦查人员对采取技术侦查措施过程中知悉的国家秘密、商业秘密和个人隐私，应当保密；对采取技术侦查措施获取的与案件无关的材料，必须及时销毁。

采取技术侦查措施获取的材料，只能用于对犯罪的侦查、起诉和审判，不得用于其他用途。

公安机关依法采取技术侦查措施，有关单位和个人应当配合，并对有关情况予以保密。

第一百八十三条　人民法院审判第一审案件应当公开进行。但是有关国家秘密或者个人隐私的案件，不公开审理；涉及商业秘密的案件，当事人申请不公开审理的，可以不公开审理。

不公开审理的案件，应当当庭宣布不公开审理的理由。

文件 6

中华人民共和国民事诉讼法

（2012 年修正，节选）

第六十八条　证据应当在法庭上出示，并由当事人互相质证。对涉及国家秘密、商业秘密和个人隐私的证据应当保密，需要在法庭出示的，不得在公开开庭时出示。

第一百三十四条　人民法院审理民事案件，除涉及国家秘密、个人隐私或者法律另有规定的以外，应当公开进行。

离婚案件，涉及商业秘密的案件，当事人申请不公开审理的，可以不公开审理。

第一百五十六条　公众可以查阅发生法律效力的判决书、裁定书，但涉及国家秘密、商业秘密和个人稳私的内容除外。

文件 7

行政机关公务员处分条例

（国务院令第 495 号，节选）

第二十六条　泄露国家秘密、工作秘密，或者泄露因履行职责掌握的商业秘密、个人隐私，造成不良后果的，给予警告、记过或者记大过处分；情节较重的，给予降级或者撤职处分；情节严重的，给予开除处分。

文件 8

中国共产党纪律处分条例

（中发［2003］18号，节选）

第一百三十八条 丢失秘密文件资料或者泄露党和国家秘密，情节较轻的，给予警告或者严重警告处分；情节较重的，给予撤销党内职务或者留党察看处分；情节严重的，给予开除党籍处分。

在保密工作方面不负责任，致使发生重大失密泄密事故，造成或者可能造成较大损失的，对负有主要领导责任者，给予警告或者严重警告处分；造成或者可能造成重大损失的，对负有主要领导责任者，给予撤销党内职务处分。

文件 9

国家秘密设备、产品的保密规定

（1992 年 10 月 21 日国家保密局印发　国保［1992］53 号）

第一章　总　　则

第一条　根据《中华人民共和国保守国家秘密法》第十九条的规定，制定本规定。

第二条　属于国家秘密的设备或者产品是指直接含有国家秘密信息的设备或者产品，通过观察或者测试、分析手段能够获得该设备或者产品的国家秘密信息，统称密品。

第三条　密品研制、生产、试验、运输、使用、保存、维修、销毁的保密工作，各有关部门、单位应当依法管理，加强领导，密切协作。

有关政府保密工作部门对密品的保密工作负有指导、协调和监督的职责。

第四条　有关部门、单位应当依照国家有关规定，及时确定密品的密级和保密期限。

第五条　涉及密品的研制、生产、试验、运输、使用、保存、维修、销毁的各部门和单位，应当对有关人员进行经常性保密教育，明确职责，落实各项保密制度，根据工作需要制定保密方案，适时进行保密检查，接受上级部门、单位的指导和监督。

第二章　密品的保密管理

第六条　确定密品的密级和保密期限的同时，应当明确保密要点。

第七条 密品的研制、生产、保存、使用单位应当对本单位所有密品的密级、保密期限、保密要点等内容进行登记，并根据工作需要向参与密品研制、生产、试验、保存、维修、使用的人员告知上述有关登记内容。

第八条 密品的研制、生产涉及两个以上行业或者部门的，各有关单位应当加强联系和协调，明确责任单位，确保密品在各个环节均受到严密保护。

第九条 各有关单位应当严格控制密品的接触范围，确需接触的，应当按有关规定履行报批手续。

严禁无关人员对密品的参观。

第十条 外型或者构造易暴露国家秘密的密品，在研制、生产、试验、运输、保存、维修、使用过程中，应当对其采取遮盖措施或者其他保护性措施。

不得露天生产、保存、放置外型或构造易暴露国家秘密的密品。

第十一条 密品在各环节的交接均应当履行严格的登记签收手续，记录签收情况的登记簿应当保存备查。

第十二条 绝密级密品的研制、生产、维修应当在封闭场所进行，设立专门的放置、保存场所，并由有关管理人员负责保密工作。

第十三条 有特殊要求的密品，应当在其出厂前，对可能反映或者暴露其国家秘密的文字标志、特征标志采取伪装或者删除措施。

第十四条 密品的运输应当符合下列要求：

（一）密品应当密封于包装箱内，体积大、无法置于包装箱内的，应当采取其他的安全保密措施；

（二）发货、收货和承运单位，对密品的名称、运输方式、运输时间和路线、中途停靠、安全警卫措施等情况负有保密的义务；

（三）应当由二人或者二人以上的专人押运；

（四）需要办理免检手续的，依照国家有关规定执行。

第十五条 条密品的使用单位应当根据本办法采取相应的保密措施。无关人员不得接触、使用密品。

第十六条 需要随身携带使用的密品，应当二人同行，共同负责。

第十七条 通过特殊渠道获取的密品，应当采取相应的保密措施，不得因使用而使无关人员知悉其保密内容。

第十八条 各有关单位对放置有密品的场所、部位应当加强安全保密防范措施，必要时可设置警卫力量。

绝密级密品应当专库（柜）保存。

第十九条 密品的检修和维修工作一般不得由境外人员承担，确需境外人员承担时，应当依照有关业务主管部门的规定履行报批手续并采取相应的保密措施。

第二十条 销毁密品应当先行登记，并依照有关业务部门的规定履行报批手续。在销毁密品过程中应当符合下列要求：

（一）选择有保密保障的部门、单位、场所进行；

（二）指定专人监销；

（三）确保密品被销毁后不再具有国家秘密信息；

（四）外形上能直接反映国家秘密的密品，应当彻底毁形；

（五）对仍有保密价值的碎屑、粉末、液体等残留物质，应当及时收集并妥善处理。

第三章 附 则

第二十一条 涉及密品管理工作的部门、单位，可以根据本规定制定具体的规章制度。

第二十二条 能反映密品国家秘密信息的文件、资料、图纸、图表，应当按照国家有关保密规定管理。

第二十三条 密品的零件、部件、组件等物品，凡涉及国家秘密的，均应当按照本规定进行管理。

第二十四条 本规定由国家保密局负责解释。

第二十五条 本规定自 1993 年 3 月 1 日起施行。

文件 10

计算机信息系统国际联网保密管理规定

（1999 年 12 月 27 日国家保密局印发　国保发［1999］10 号）

第一章　总　　则

第一条　为了加强计算机信息系统国际联网的保密管理，确保国家秘密的安全，根据《中华人民共和国保守国家秘密法》和国家有关法规的规定，制定本规定。

第二条　计算机信息系统国际联网，是指中华人民共和国境内的计算机信息系统为实现信息的国际交流，同外国的计算机信息网络相联接。

第三条　凡进行国际联网的个人、法人和其他组织（以下统称用户），互联单位和接入单位，都应当遵守本规定。

第四条　计算机信息系统国际联网的保密管理，实行控制源头、归口管理、分级负责、突出重点、有利发展的原则。

第五条　国家保密工作部门主管全国计算机信息系统国际联网的保密工作。县级以上地方各级保密工作部门，主管本行政区域内计算机信息系统国际联网的保密工作。中央国家机关在其职权范围内，主管或指导本系统计算机信息系统国际联网的保密工作。

第二章　保 密 制 度

第六条　涉及国家秘密的计算机信息系统，不得直接或间接地与国际互联网或其它公共信息网络相联接，必须实行物理隔离。

第七条 涉及国家秘密的信息，包括在对外交往与合作中经审查、批准与境外特定对象合法交换的国家秘密信息，不得在国际联网的计算机信息系统中存储、处理、传递。

第八条 上网信息的保密管理坚持“谁上网谁负责”的原则。凡向国际联网的站点提供或发布信息，必须经过保密审查批准。保密审批实行部门管理，有关单位应当根据国家保密法规，建立健全上网信息保密审批领导责任制。提供信息的单位应当按照一定的工作程序，健全信息保密审批制度。

第九条 凡以提供网上信息服务为目的而采集的信息，除在其它新闻媒体上已公开发表的，组织者在上网发布前，应当征得提供信息单位的同意；凡对网上信息进行扩充或更新，应当认真执行信息保密审核制度。

第十条 凡在网上开设电子公告系统、聊天室、网络新闻组的单位和用户，应由相应的保密工作机构审批，明确保密要求和责任。任何单位和个人不得在电子公告系统、聊天室、网络新闻组上发布、谈论和传播国家秘密信息。

面向社会开放的电子公告系统、聊天室、网络新闻组，开办人或其上级主管部门应认真履行保密义务，建立完善的管理制度，加强监督检查。发现有涉密信息，应及时采取措施，并报告当地保密工作部门。

第十一条 用户使用电子函件进行网上信息交流，应当遵守国家有关保密规定，不得利用电子函件传递、转发或抄送国家秘密信息。

互联单位、接入单位对其管理的邮件服务器的用户，应当明确保密要求，完善管理制度。

第十二条 互联单位和接入单位，应当把保密教育作为国际联网技术培训的重要内容。互联单位与接入单位、接入单位与用户所签定的协议和用户守则中，应当明确规定遵守国家保密法律，不得泄露国家秘密信息的条款。

第三章 保密监督

第十三条 各级保密工作部门应当有相应机构或人员负责计算机信息系统国际联网的保密管理工作，应当督促互联单位、接入单位及用户建立健全信息保密管理制度，监督、检查国际联网保密管理制度规定的执行情况。

对于没有建立信息保密管理制度或责任不明、措施不力、管理混乱，存在明显威胁国家秘密信息安全隐患的部门或单位，保密工作部门应责令其进行整改，整改后仍不符合保密要求的，应当督促其停止国际联网。

第十四条 各级保密工作部门，应当加强计算机信息系统国际联网的保密检查，依法查处各种泄密行为。

第十五条 互联单位、接入单位和用户，应当接受并配合保密工作部门实施的保密监督检查，协助保密工作部门查处利用国际联网泄露国家秘密的违法行为，并根据保密工作部门的要求，删除网上涉及国家秘密的信息。

第十六条 互联单位、接入单位和用户，发现国家秘密泄露或可能泄露情况时，应当立即向保密工作部门或机构报告。

第十七条 各级保密工作部门和机构接到举报或检查发现网上有泄密情况时，应当立即组织查处，并督促有关部门及时采取补救措施，监督有关单位限期删除网上涉及国家秘密的信息。

第四章　附　　则

第十八条　与香港、澳门特别行政区和台湾地区联网的计算机信息系统的保密管理，参照本规定执行。

第十九条　军队的计算机信息系统国际联网保密管理工作，可根据本规定制定具体规定执行。

第二十条　本规定自 2000 年 1 月 1 日起施行。

文件 11

涉及国家秘密的信息系统审批管理规定

（国家保密局印发　国保发［2007］18 号）

第一章　总　　则

第一条　为加强涉及国家秘密的信息系统（以下简称“涉密信息系统”）的安全保密管理，确保国家秘密安全，依据《中华人民共和国保守国家秘密法》及相关法规，制定本规定。

第二条　本规定适用于涉密信息系统投入使用的审批管理。

第三条　本规定所称涉密信息系统是指由计算机及其相关和配套设备、设施构成的，按照一定的应用目标和规则存储、处理、传输国家秘密信息的系统或者网络。

第四条　涉密信息系统审批应当遵循依据标准、规范程序、综合评估、确保安全的原则。

第五条　国家保密工作部门主管全国涉密信息系统的审批工作。市（地）级以上保密工作部门负责本行政区域内涉密信息系统的审批工作。

第六条　保密工作部门依据国家有关保密法律法规和标准，对拟投入使用的涉密信息系统进行安全保密审查，并作出是否批准投入使用的决定。

未经保密工作部门审查标准，任何单位不得将涉密信息系统投入使用。

第二章　审 批 权 限

第七条　国家保密工作部门负责审批中央和国家机关各部

委及其所属单位、国防武器装备科研生产一级保密资格单位的涉密信息系统。

省、自治区、直辖市保密工作部门负责审批省直机关及其所属单位、国防武器装备科研生产二、三级保密资格单位的涉密信息系统。

市（地）级保密工作部门负责审批市（地）、县直机关及其所属单位的涉密信息系统。

第八条 中央和国家机关各部委保密工作机构在其职责范围内负责本部门、本系统涉密信息系统投入使用审批的初审工作。

第九条 两个以上经批准投入使用的涉密信息系统需要网络互联时，应当按照下列规定报保密工作部门审批；

（一）有共同上级主管部门的，由其共同上级主管部门的保密工作机构审查同意并报同级保密工作部门审批；

（二）无共同上级主管部门的，经各自上级主管部门保密工作机构审查同意后，由系统使用单位分别报原批准的保密工作部门审批。

第三章 审 批 程 序

第十条 申请投入使用的涉密信息系统应当具备以下条件:

（一）总体方案及安全保密方案已经通过由系统建设使用单位组织、其上级主管部门保密工作机构和保密工作部门派人参加的审查论证；

（二）承建单位具有相应的涉密信息系统集成资质；

（三）具有负责日常系统安全保密管理的责任单位和健全的安全保密管理制度；

（四）通过国家保密工作部门授权的涉密信息系统安全保

密测评机构的检测评估。

第十一条　具备本规定第十条规定条件的涉密信息系统，其建设使用单位应填写《涉及国家秘密的信息系统投入使用申请书》，向具有审批权的保密工作部门提出投入使用的书面申请，并同时报送有关涉密信息系统的下列材料：

（一）总体方案、安全保密方案及其审查论证意见以及参加审查论证的人员名单；

（二）承建单位名称、承建内容及资质证明；

（三）采用的安全保密产品、设施的目录及其检测证书；

（四）工程监理报告；

（五）安全保密检测评估报告；

（六）安全保密管理责任单位及人员配置情况；

（七）安全保密管理制度；

（八）使用、管理人员的安全保密培训情况。

第十二条　中央和国家机关各部委及其所属单位建设使用的涉密信息系统，在申请审批前应当由各部委保密工作机构按照本规定第十五条和第十六条的有关要求进行初审，并出具初审意见。

初审通过后，按本规定第七条规定的审批管辖范围，分别由国家和地方保密工作部门审批。中央和国家机关各部委及其所属单位的涉密信息系统，报报保密工作部门审批；其他单位的涉密信息系统，由系统建设使用单位持初审意见报送所在地的省（区、市）保密工作部门审批。

第十三条　军工集团公司总部的涉密信息系统，在申请审批前应当由国防科技工业主管部门保密工作机构按照本规定第十五条和第十六条的有关要求进行初审，并出具初审意见。初审通过后，由各军工集团公司报国家保密工作部门审批。

军工集团公司所属单位建设使用的涉密信息系统，由各军工集团公司保密工作机构按照本规定第十五条和第十六条的有关要求进行初审，并出具初审意见。初审通过后，属于国防武器装备科研生产一级保密资格单位的涉密信息系统，由各军工集团公司报国家保密工作部门审批；其他单位的涉密信息系统，由系统建设使用单位持初审意见报所在地的省（区、市）保密工作部门审批。

第十四条 保密工作部门收到申请材料后，应当对材料是否齐备进行审核。符合要求的，应当受理并出具受理通知书。不符合要求的，应当在五个工作日内一次性告知申请单位需要补充的材料。逾期不告知的，收到申请材料之日即为受理申请时间。

第十五条 保密工作部门应当依据保密法律法规和保密技术标准，对涉密信息系统的相关材料进行审查。审查的主要内容包括：

（一）建设过程是否符合保密管理规定；

（二）安全保密技术措施是否满足安全保密需求，是否符合国家有关保密法律法规和标准；

（三）采用的安全保密产品、设施等是否符合国家有关保密管理要求；

（四）安全保密管理措施是否符合国家有关保密管理规定和规范。

第十六条 保密工作部门根据材料审查情况可以进行现场审查。现场审查的主要内容包括：

（一）检测评估中发现问题的整改情况；

（二）实际应用环境的安全保密情况；

（三）安全保密措施落实情况；

（四）安全保密管理责任单位、人员落实情况。

第十七条　对经审查符合要求的涉密信息系统，保密工作部门批准其投入使用，并颁发《涉及国家秘密的信息系统使用许可证》。对不符合要求的，保密工作部门提出书面整改意见，由系统建设使用单位进行整改后重新报批。

第十八条　保密工作部门应当自受理申请之日起二十个工作日内作出是否批准投入使用的决定。二十个工作日内不能作出决定的，经本行政机关负责人批准，可以延长十个工作日，同时应当将延长的决定和理由告知申请单位。

第十九条　涉密信息系统的相关资料，应当建设使用单位确定密级，并按相应密级文件管理。审批工作结束后，保密工作部门应当整理归档。

第四章　监督检查

第二十条　经国家保密工作部门批准投入使用的中央和国家机关所属单位、国防武器装备科研生产一级保密资格单位的涉密信息系统，其建设使用单位应持《涉及国家秘密的信息系统使用许可证》复印件向所在地的省（区、市）保密工作部门备案。

第二十一条　经批准投入使用的跨地域的涉密信息系统，在下级网络接入前，其建设使用单位的保密工作机构应按本规定第十六条规定的内容，对下级接入网络进行检查。符合要求的，方可接入。

第二十二条　涉密信息系统使用单位应当加强对涉密信息系统运行和使用的管理，定期对系统安全保密状况、安全保密制度和措施的落实情况进行自查，并接受保密工作部门和保密工作机构的指导和监督。

第二十三条　保密工作部门和保密工作机构应当定期对投入使用的涉密信息系统安全保密情况进行监督检查，及时发现安全保密隐患，提出整改意见，督促落实整改措施。

第二十四条 未经保密工作部门审批，擅自将涉密信息系统投入使用的，保密工作部门应当责成其立即停止系统运行；造成泄密的，依法追究有关单位和相关责任人的法律责任。

第二十五条 已取得《涉及国家秘密的信息系统使用许可证》的建设使用单位，涉密信息系统发生以下变更之一的，应当及时向原批准的保密工作部门报告：

（一）系统密级发生变化；

（二）网络联接范围发生变化；

（三）系统所处物理环境或安全保密设施发生变化；

（四）系统主要应用发生变化；

（五）系统安全保密管理责任单位发生变化。

保密工作部门根据实际情况，可以决定是否对其重新进行检测评估和审批。

第二十六条 保密工作部门和测评机构的工作人员必须严格遵守工作纪委和各项规定。工作中营私舞弊、弄虚作假、泄露国家秘密的，依照有关规定给予处分；构成犯罪的，依法追究刑事责任。

第五章　附　　则

第二十七条 军队的涉密信息系统审批工作，按军队的有关规定执行。

第二十八条 本规定自发布之日起施行。1998 年 10 月 27 日中央保密委员会办公室、国家保密局发布的《涉及国家秘密的通信、办公自动化和计算机信息系统审暂行办法》（中保办发［1998］6 号）同时废止。

第二十九条 本规定由国家保密局负责解释。

文件 12

关于加强政府上网信息保密管理的通知

（1999 年 7 月 30 日国家保密局印发　国保发［1999］4 号）

今年“政府上网工程”实施以来，网上泄密问题时有发生。为加强政府上网信息保密管理，确保国家秘密的安全，特通知如下：

一、必须十分重视政府上网信息的保密工作。各级保密工作部门和机构，要结合本地区本部门的实际，制定政府上网的保密管理规定，指导和督促部门加强管理，落实责任制，并监督检查有关制度规定的执行情况。

二、建立上网信息保密审查制度。要坚持“谁上网谁负责”的原则，信息上网必须经过信息提供单位的严格审查和批准，确保国家秘密不上网。各级保密工作部门和机构，负责本地区本部门上网信息保密检查，发现问题，及时处理。

三、涉密信息网络必须与公共信息网实行物理隔离。在与公共信息网相连的信息设备上，不得存储、处理和传递国家秘密信息。

四、加强对上网人员的保密教育和管理。要提高上网人员的保密观念，增强防范意识，自觉执行有关规定。要强化管理与监督，明确责任，落实制度，确保在公共信息网上不发生泄露国家秘密的事件。

文件 13

关于严禁用涉密计算机上国际互联网的通知

（2003 年 5 月 16 日中央保密委员会印发　中保委发［2003］4 号）

各省、自治区、直辖市党委保密委员会，中央和国家机关各部委保密委员会，解放军保密委员会，各人民团体保密委员会：

最近，国家保密局对一些地方和中央国家机关部委的计算机使用情况进行了检查，在互联网上对用涉密计算机上国际互联网的情况进行了搜索，发现用涉密计算机上互联网的问题相当严重。有的党政机关工作人员，在上班时间或业余时间，用处理涉密信息的计算机上互联网，上网计算机中存有大量的国家秘密信息或内部工作信息。有的单位处理涉密信息的网络没有切实做到与互联网物理隔离，网内的用户可直接用内部办公的计算机上互联网。有的单位专门用于上互联网的计算机内存有国家秘密信息和内部工作信息。这些问题的存在，其性质都是把存有国家秘密和内部工作信息的计算机与互联网相连，这就相当于把国家秘密文件资料放到互联网上，是一种严重的泄密行为。

出现这些问题的原因：一是有的单位对计算机和网络的保密管理不严，有法不依，有章不循，有禁不止，保密规章制度不落实，缺乏严格的监督检查。二是有些涉密人员至今还不懂得用涉密计算机上互联网的严重危害性，不知道用涉密计算机上互联网时，计算机内存储的涉密文件或资料有可能被窃取；有的涉密人员也懂得这些道理，但存在着侥幸心理或明知故犯。

中央保密委员会和国家保密工作部门过去曾多次明确规定严禁涉密计算机与互联网相连接，涉密信息网络必须与互联网实行物理隔离。但是，这些规定仍没有得到很好执行，仍存在死角。为此，中央保密委员会重申以下要求：

一、涉密计算机信息系统必须与互联网实行物理隔离，严禁用处理国家秘密信息的计算机上互联网，违者严肃查处。

二、采取切实措施，加强对计算机的使用管理，上互联网的计算机必须与处理涉密信息的计算机严格区分，做到专机专用，不得既用于上互联网又用于处理国家秘密信息。

三、使用物理隔离计算机一机两用的，其物理隔离计算机必须采用经国家保密局批准的产品，使用中应严格按规范操作，严防由于误操作造成泄密。在目前尚不能确保安全的情况下，禁止任何单位将网络安全隔离与交换设备（又称网闸）用于涉密信息网络和互联网之间。

四、加强计算机及网络安全保密知识教育，加强保密形势教育，使涉密人员懂得用涉密计算机上互联网的严重危害性，提高信息安全保密意识，自觉遵守保密纪律和有关保密规定。

五、要切实加强对计算机及网络的保密管理，建立健全规章制度，并严格执行；加强保密技术检查，及时发现违反规定的行为，堵塞泄密漏洞。

各地各部门接此通知后，要对涉密计算机和涉密网络的保密管理情况进行一次检查，发现问题，立即纠正，认真落实上述各项要求。

文件 14

关于加强新技术产品使用保密管理的通知

（2006 年 3 月 13 日国家保密局印发　国保发［2006］3 号）

近年来，一些高性能计算机及网络设备和多功能办公自动化设备等新技术产品逐步在我党政军机关和军工企事业单位使用，在方便工作的同时，也带来严重的泄密隐患。为进一步加强对新技术产品使用的保密管理，确保国家秘密安全，现将有关事项通知如下：

一、严禁使用具有无线互联功能的计算机处理国家秘密信息。凡用于处理国家秘密信息的计算机必须拆除具有无线联网功能的硬件模块。

二、严禁涉密计算机使用无线键盘、无线鼠标及其它无线互联的外围设备。

三、严禁涉密信息系统使用具有无线互联功能的网络交换机等网络设备。

四、严禁将用于处理国家秘密信息的具有打印、复印、传真等多功能的一体机与普通电话线连接。

五、严禁将存储国家秘密信息的软盘、光盘、优盘、移动硬盘等移动存储介质在与互联网连接的计算机上使用。

六、严格限制从互联网将数据拷入涉密计算机和涉密信息系统。如确因工作需要，需使用非涉密移动存储介质从互联网将所需数据拷入涉密计算机或涉密信息系统，应采取有效的保密管理和技术防范措施，严防被植入恶意代码程序，导致国家秘密信息被窃取。

七、严禁将个人具有存储功能的电磁存储介质和电子设备带入核心和重要涉密场所。

八、严禁在涉密场所连接互联网的计算机上配备、安装和使用摄像头等视频输入设备。在涉密场所谈论国家秘密事项时，应对具有音频输入功能并与互联网连接的计算机采取关机断电措施。

九、严禁维修人员擅自读取和拷贝计算机、数字复印机等涉密电子设备存储的国家秘密信息。涉密电子设备出现故障送外维修前，必须将涉密存储部件拆除并妥善保管；涉密存储部件出现故障，如不能保证安全保密，必须按照涉密载体销毁要求予以销毁；如需恢复其存储信息，必须由国家保密工作部门指定的具有数据恢复资质的单位进行。

各级保密工作部门和保密工作机构要迅速将上述规定通知各涉密单位，并对落实情况进行监督检查，对违反规定的严肃处理。各涉密单位要认真执行本《通知》，并结合本单位实际情况，制定具体的管理规定。

文件 15

关于禁止邮寄或非法携运国家秘密文件、资料和其他物品出境的规定

（1994 年 12 月 8 日国家保密局、海关总署印发　国保发［1994］17 号）

第一条　为保守国家秘密，防止属于国家秘密的文件、资料和其他物品被邮寄或非法携运出境，根据《中华人民共和国保密国家秘密法》和《中华人民共和国海关法》的有关规定，制定本规定。

第二条　本规定所称国家秘密文件、资料和其他物品，系指以文字、符号、图形、图像、声音等形式载有国家秘密的物件和直接含有国家秘密信息的设备或产品。

第三条　禁止邮寄属于国家秘密的文件、资料和其他物品出境。

禁止非法携运属于国家秘密的文件、资料和其他物品出境。

第四条　属于国家秘密的文件、资料和其他物品出境，须由外交信使（含临时信使）或国家保密局核准的单位和人员携运。

第五条　目的地不通外交信使或外交信使难以携运的，确因工作需要，需自行携运机密级、秘密级国家秘密文件、资料和其他物品出境的，应当向有关保密工作部门或保密工作机构申办《国家秘密载体出境许可证》（以下简称《许可证》）。

机关、单位在对外交往与合作中，依照国家有关规定，合法向外方提供属于机密级、秘密级国家秘密的文件、资料和其他物品，需由外方携运出境的，应当由中方提供单位办理《许

可证》。

第六条　携运国家秘密文件、资料和其他物品出境的人员，出境时应当主动向海关申报，海关凭《许可证》验放。

第七条　核发《许可证》的权限：

（一）机密级国家秘密，须经中央、国家机关和人民团体的保密工作机构或省、自治区、直辖市的保密工作部门批准，核发《许可证》。

（二）秘密级国家秘密，须经中央、国家机关和人民团体的保密工作机构或地市级（含）以上地方保密工作部门批准，核发《许可证》。

第八条　申办《许可证》时，须将拟自行携运出境的属于国家秘密的文件、资料和其他物品及其制发单位和本单位同意出境的证明，向本规定第七条所规定的保密工作部门或保密工作机构申办。

保密工作部门或保密工作机构一般应在接到申请起十日内将审批结果通知申办单位。

第九条　对违反本规定有关条款，邮寄或非法携运属于国家秘密的文件、资料和其他物品出境的，海关依据《中华人民共和国海关法》和《中华人民共和国海关法行政处罚实施细则》的有关规定，对当事人予以处罚，同时将有关文件、资料和其他物品扣留并移交查扣地的地市级（含）以上政府保密工作部门处理；保密工作部门或保密工作机构可依据有关保密法规对上述当事人进行查处。

第十条　邮寄或携运出境的文件、资料和其他物品，虽无密级标志，但海关认为其涉嫌涉及国家秘密时，有权将其扣留并移交查扣地的地市级（含）以上政府保密工作部门，由有密级鉴定权的保密工作部门或机构进行鉴定。

经鉴定不属于国家秘密的，由保密工作部门出具证明，连同有关的文件、资料和其他物品一并发还物主，海关凭保密工作部门的证明放行。

经鉴定属于国家秘密的，应当依照本规定第九条予以处理。

第十一条 对防止邮寄或非法携运属于国家秘密的文件、资料和其他物品出境有功、成绩显著的单位和个人，由保密工作部门或有关单位予以表彰、奖励。

第十二条 保密工作部门和保密工作机构办理《许可证》所使用的鉴定印章、铅识章和《许可证》由国家保密局统一制发。

第十三条 军队系统属于国家秘密的文件、资料和其他物品出境的批准权限由中国人民解放军保密委员会规定，并送国家保密局和中华人民共和国海关部署备案。

第十四条 本规定由国家保密局负责解释。

第十五条 本规定自一九九五年四月一日起施行。国家保密局、中华人民共和国海关总署一九九〇年二月二十二日颁布的《关于国家秘密文件、资料和其他物品出境的管理规定》同时废止。

文件 16

保密检查工作规定

（2013 年 12 月 3 日国家保密局印发　国保发［2013］14 号）

第一章　总　　则

第一条　为规范和加强保密检查工作，根据《中华人民共和国保守国家秘密法》，制定本规定。

第二条　保密行政管理部门对党政机关和涉及国家秘密的单位（以下简称机关、单位）遵守保密法律法规和规章制度情况进行检查，适用本规定。

第三条　保密检查应当依法履职、严格标准、突出重点、注重实效。

第四条　机关、单位应当依法接受和配合保密行政管理部门组织开展的保密检查。

第五条　未经保密行政管理部门批准，企业事业单位及其工作人员不得参与对机关、单位的保密检查。

第二章　工作职责、机构、人员

第六条　国家保密行政管理部门保密检查工作的主要职责是：

（一）制定全国保密检查工作规章制度和标准；

（二）制定全国保密检查工作计划；

（三）组织实施涉及全国范围以及重点领域、重大专项保密检查；

（四）组织开展保密检查业务培训；

（五）指导全国的保密检查工作。

第七条 县级以上地方保密行政管理部门保密检查工作的主要职责是：

（一）制定本行政区域保密检查工作制度和规定；

（二）制定本行政区域保密检查工作计划；

（三）组织实施本行政区域内的保密检查；

（四）组织开展保密检查业务培训；

（五）指导本行政区域的保密检查工作。

第八条 市（地）级以上地方保密行政管理部门应当设立保密检查工作机构，负责保密检查工作。

省、自治区、直辖市、新疆生产建设兵团及计划单列市保密行政管理部门应当建立保密技术检查队伍，市（地）级和县级地方保密行政管理部门应当配备保密技术检查人员。

第九条 保密检查人员应当取得保密行政管理部门颁发的相关资格证书或者证件。

第三章 检查内容、方式

第十条 保密检查包括以下内容：

（一）保密工作责任制落实情况；

（二）保密制度建设情况；

（三）保密宣传、教育、培训情况；

（四）涉密人员管理情况；

（五）国家秘密确定、变更和解除情况；

（六）国家秘密载体管理情况；

（七）信息系统和信息设备保密管理情况；

（八）互联网使用保密管理情况；

（九）保密技术防护设施、设备配备使用情况；

（十）涉密场所及保密要害部门、部位保密管理情况；

（十一）涉密会议、活动和涉密货物、工程、服务采购等项目管理情况；

（十二）信息公开保密审查情况；

（十三）保密检查工作开展情况；

（十四）违反保密法律法规行为查处情况；

（十五）保密组织机构设置和人员配备情况；

（十六）保密法律法规规定的其他检查内容。

第十一条　保密检查可以采取全面检查、专项检查、自查和抽查等方式进行。

第十二条　对存在严重泄密隐患或者发生重大泄密案件的机关、单位，保密行政管理部门应当专门组织开展保密检查。

第十三条　保密行政管理部门对设施、设备和场所等进行保密检查，应当运用必要的保密技术检查装备和手段。用于保密技术检查的装备应当符合国家相关保密规定和标准，并经国家保密行政管理部门授权的检测机构检测通过。

第十四条　保密行政管理部门根据工作需要，可以联合有关部门开展保密检查。

第四章　组织实施

第十五条　保密行政管理部门组织开展保密检查，应当制定检查工作方案和检查目录；组织开展较大范围的保密检查，应当成立保密检查工作领导机构，进行专门部署、动员和培训，明确工作和纪律要求等。

第十六条　保密检查应当根据工作需要成立检查组，配备检查人员，明确检查组长和其他检查人员职责分工。检查组不得少于 2 人，检查人员应当佩带相关证件。

第十七条　保密行政管理部门组织开展保密检查，一般应当提前 1 ~ 2 个工作日向受检机关、单位发出书面通知；特殊情况下，可于检查当日口头通知，并由检查人员将书面通知交受检机关、单位。

第十八条 保密检查应当依照下列程序进行：

（一）听取受检机关、单位有关保密工作情况介绍；

（二）根据检查目录和工作要求选定具体检查对象；

（三）对检查对象进行检查，查阅有关保密工作材料、记录等资料，向有关人员了解相关情况；

（四）指出并纠正检查中发现的问题；

（五）汇总检查情况，填写检查情况登记表；

（六）向受检机关、单位通报检查意见，对检查中发现的问题提出整改要求。

第十九条 受检机关、单位应当按照保密检查要求，作出相关工作安排，积极予以配合，如实反映情况，提供必要资料；对检查组指出并要求纠正的问题，应当及时予以纠正。

受检机关、单位因工作需要使用信息擦除工具清除计算机或者存储介质中存储处理信息的，应当主动向检查人员作出说明，出具本机关、单位保密工作机构批准和登记材料。

第二十条 检查中发现泄密隐患的，检查人员可以查阅有关材料、询问人员、记录情况，并向组织检查的保密行政管理部门报告；对有关设施、设备、场所和文件资料，采取责令停止使用或者登记保存等行政处置措施，必要时进行保密技术检测；对登记保存的设备和文件资料应当妥善保管，保持设备中存储信息的原始状态，不得对其进行改写、删除等操作。

采取责令停止使用或者登记保存等行政处置措施的，保密行政管理部门应当及时向受检机关、单位发出行政处置通知书，内容包括泄密隐患具体情况、行政处置法律依据等。

第二十一条 对登记保存的设备和保密技术检测信息，保密行政管理部门应当在现场或者专门场所进行技术核查，提取有关违规使用或者涉嫌泄密的原始证据，形成技术核查取证报告。

第二十二条 检查组应当在检查结束后5个工作日内，向组织检查的保密行政管理部门提交书面检查报告和原始记录材料。

第二十三条 保密行政管理部门应当在检查结束后20个工作日内，向受检机关、单位出具检查意见，需要整改的，应当明确整改内容和期限；对有违反保密法律法规行为的，应当提出处理建议。

第二十四条 对上级保密行政管理部门组织开展的保密检查，下级保密行政管理部门应当在检查结束后30个工作日内报送书面检查报告。

书面检查报告应当包括检查基本情况、检查数据、主要问题、整改措施、工作建议等内容。对违反保密法律法规人员处理情况，应当专门报告。

第二十五条 保密检查结束后，保密行政管理部门应当及时整理有关工作材料，立卷归档。

第五章 督促整改

第二十六条 受检机关、单位应当按照保密行政管理部门提出的整改要求，制定整改措施，按期整改落实；对违反保密法律法规的行为，应当依纪依法予以处理，并向保密行政管理部门书面报告有关情况。

保密行政管理部门应当对受检机关、单位的整改工作进行督促和指导。

第二十七条 对检查中发现存在严重泄密隐患或者发生泄密案件的受检机关、单位，保密行政管理部门应当适时组织复查，检查整改落实情况。

第二十八条 保密行政管理部门应当在复查结束后10个工作日内，向受检机关、单位出具复查意见。

对已落实整改要求的受检机关、单位，保密行政管理部门应当作出整改结论；对采取责令停止使用和登记保存等行政处置措施的，应当作出是否取消相关行政处置措施的决定；对未落实整改要求的，应当提出处理意见和进一步整改要求。

第二十九条 受检机关、单位对检查意见、复查意见有异议的，可以书面向组织检查的保密行政管理部门提出。

保密行政管理部门应当在接到异议报告后20个工作日内，对有关情况进行调查，并向受检机关、单位出具处理意见。

第六章 责任追究

第三十条 检查中发现受检机关、单位及其工作人员有下列情形之一的，应当予以批评；情节严重的，对直接负责的主管人员和其他直接责任人员依纪依法给予处分；构成犯罪的，依法追究刑事责任：

（一）发生泄密案件不按规定报告或者采取补救措施的；

（二）包庇泄密和其他严重违反保密法律法规的行为，或者对揭发、检举泄密和其他严重违反保密法律法规行为的人员打击报复的；

（三）拒不配合，弄虚作假，隐匿、销毁证据，或者以其他方式逃避、妨碍保密检查的；

（四）擅自使用信息擦除工具清除泄密和其他严重违反保密法律法规行为信息证据的；

（五）无故拖延整改或者拒不整改的；

（六）继续使用已经责令停止使用的设施、设备和场所的。

从事涉密业务的企业事业单位有以上情形的，保密行政管理部门应当按照有关规定作出暂停或者停止其从事涉密业务资格等处理。

第三十一条　检查人员在检查工作中有下列行为之一的，应当予以批评；情节严重的，依纪依法给予处分；构成犯罪的，依法追究刑事责任：

（一）擅自透露检查工作信息的；

（二）私自留存、下载、复制受检机关、单位的涉密信息或者其他与工作无关信息的；

（三）对受检机关、单位的设施、设备改变或者添加与检查无关程序的；

（四）接受受检机关、单位和人员馈赠或者贿赂的；

（五）未依法履行职责或者滥用职权、玩忽职守、徇私舞弊的。

第三十二条　受检机关、单位发现检查人员在保密检查中有违纪违法行为的，应当书面向组织检查的保密行政管理部门或者其上级机关举报。

保密行政管理部门应当在接到举报后30个工作日内，对有关情况进行调查处理，并向举报机关、单位出具调查处理意见。

第三十三条　未经保密行政管理部门批准，企业事业单位及其工作人员参与对机关、单位的保密检查，或者协助机关、单位逃避、妨碍保密检查的，由有关主管机关依法给予处分或者处罚；构成犯罪的，依法追究刑事责任。

第七章　附　　则

第三十四条　机关、单位开展保密检查，参照本规定执行。

第三十五条　本规定自发布之日起施行。

文件 17

报告泄露国家秘密事件的规定

（1999 年 11 月 16 日国家保密局印发　国保发［1999］8 号）

第一条　为规范报告泄露国家秘密事件（以下简称泄密事件）的程序，使各级保密工作部门及时掌握发生泄密事件的情况，加强对泄密事件查处工作的指导和监督，根据《中华人民共和国保守国家秘密法》和《中华人民共和国保守国家秘密法实施办法》，制定本规定。

第二条　泄密事件，是指违反保密法律法规，使国家秘密被不应知悉者知悉，或者超出限定的接触范围，而不能证明未被不应知悉者知悉的事件。

第三条　发生泄密事件的机关、单位，应当在发现后的 24 小时内，书面向下列保密工作部门或机构报告：

（一）地方机关、单位发生的泄密事件，按隶属关系向所在地的县或市（地）、省（区、市）政府保密工作部门报告。

（二）中央和国家机关各部门的直属单位发生的泄密事件，向其上级主管部门的保密工作机构报告；单位在京外的，同时向所在地县或市（地）省（区、市）政府保密工作部门报告。

（三）中央和国家机关各部门发生的泄密事件，向国家保密局报告。

（四）各级机关、单位发生重大泄密事件，在向其主管部门报告的同时，应直接向国家保密局报告。

情况紧急时，可先口头报告简要情况。

第四条　报告泄密事件，应当包括以下内容：

（一）被泄露国家秘密事项的内容、密级、数量及其载体形式。

（二）泄密事件的发现经过。

（三）泄密责任人的基本情况。

（四）泄密事件发生的时间、地点及经过。

（五）泄密事件造成或可能造成的危害。

（六）已进行或拟进行的查处工作情况。

（七）已采取或拟采取的补救措施。

第五条 发生泄密事件的机关、单位应当在发生泄密事件后的3个月内，向本规定第三条规定的保密工作部门或机构书面报告泄密事件查处结果。

第六条 报告泄密事件查处结果，应当包括以下内容：

（一）泄密事件的发生、发现过程。

（二）泄密事件已经或可能造成的危害。

（三）造成泄密事件的主要原因。

（四）对有关泄密责任人的处理情况。

（五）采取的补救措施和加强保密工作的情况。

第七条 发生泄密事件的机关、单位，因特殊情况在3个月内查处工作未能结案，不能在规定时限内报告查处结果的，应当在规定时限内报告查处进展情况和未查结的原因。

第八条 各级保密工作部门或机构接到发生泄密事件或泄密事件查处结果的报告后，应当及时填写《泄露国家秘密事件报告表》，逐级上报至国家保密局，必要时，应当附书面报告。

第九条 各省、自治区、直辖市保密工作部门，中央和国家机关各部门保密工作机构，应当于每年年底，对本地区、本部门全年发生的泄密事件进行综合分析，并于次年1月底前，将综合分析情况报告国家保密局。

第十条 未按本规定报告泄密事件和查处结果的，保密工作部门或机构应当对有关机关和单位及其责任人进行通报批评；对发生泄密事件隐匿不报或故意拖延报告时间，造成严重后果的，应当追究有关机关、单位责任人及领导人的责任。

第十一条 本规定自 2000 年 1 月 1 日起施行。

文件 18

交通部计算机信息系统安全保密管理规定（试行）

（2007 年 10 月 26 日交通部印发　交办发［2007］574 号）

第一章　总　　则

第一条　为进一步加强交通部计算机信息系统的安全保密管理，根据《中华人民共和国保守国家秘密法》和国家保密局《计算机信息系统保密管理暂行规定》、《计算机信息系统国际联网保密管理规定》、《关于加强党政机关计算机信息系统安全和保密管理的若干规定》等制定本规定。

第二条　本规定适用于部机关和部属各单位。

第三条　本规定有关术语定义如下：

（一）计算机信息系统是指由计算机及其相关的和配套的设备、设施（含网络）构成的，按照一定的应用目标和规则对信息进行采集、加工、存储、传输、检索等处理的人机系统。

（二）涉密计算机信息系统是指含有国家秘密信息的计算机信息系统（以下简称涉密系统）。

（三）涉密信息是指涉及国家秘密的信息。

（四）涉密介质是指存储涉密信息的计算机硬盘（含移动硬盘）、U 盘、软盘、光盘、磁带等存储设备。

（五）设备是指计算机主机、显示器、打印机、交换机等所有与计算机信息采集、加工、存储、传输、检索等相关的设备。

第二章　涉密系统保密管理职责分工

第四条　交通部涉密系统的保密管理，实行统一规划、归口管理、综合防范、分级保护、突出重点、控制源头的原则。

第五条　交通部保密工作机构负责对交通部机关及部直属单位涉密系统的保密指导、监督、检查。交通部密码管理机构负责交通部涉密系统及联网单位加密方案的报批工作，并负责对密码设备的选型、购置、使用和报废实行统一管理。

第六条　交通部信息化工作管理机构负责交通部机关及部直属单位涉密系统的安全保密技术管理工作。

第七条　交通部机关各司局、部属各单位的保密工作机构，在部保密、密码工作机构和信息化工作管理机构指导下，负责本单位涉密系统的安全保密管理工作，并指定一名信息安全保密员负责本单位计算机信息系统的安全保密工作。

第三章　涉 密 系 统

第八条　规划和建设涉密系统，应当同步落实相应的保密方案及设施并根据涉密程度不同，按照国家有关规定采取分级保护措施。

第九条　涉密系统工程的规划、设计、实施、开发、运行等，必须符合国家保密局《涉及国家秘密的计算机信息系统集成资质管理办法》（国保发［2005］5号）有关保密要求。承担单位必须与主管部门签订保密协议，履行保密义务。

第十条　涉密系统建成后，按有关规定进行测评和审批。部机关及与部机关连接的涉密系统建成后，报国家保密工作部门审批；在京部属单位的涉密系统建成后，报北京市国家保密局审批；京外部属单位的涉密系统建成后，报该单位所在地省级保密工作部门审批。涉密系统经批准后才可投入使用。

第十一条　涉密系统中的设备，不得以任何方式与非涉密系统连接，严禁同一计算机既上互联网又处理涉密信息。涉密系统与非涉密系统必须实行物理隔离，并采取保持相应安全距离等必要的安全措施。

第十二条　涉密系统间的互连，必须采用符合涉密信息系统分级保护技术要求和管理规范的安全保密措施，经保密工作部门审批后方可投入运行。不同级别的涉密系统之间的边界必须划分明确，采取有效的边界防护措施，并有明确的访问控制策略与机制，防止高密级信息流向低等级信息系统。

第四章　涉 密 信 息

第十三条　涉密信息的保密管理，坚持"谁产生、谁负责，谁主管、谁负责"的原则，由涉密信息产生及使用的主管部门负责保密管理。

第十四条　涉密信息必须按照保密规定进行采集、加工、存储、传输、检索和清除。

第十五条　绝密级信息和特殊涉密信息事项不得进入任何网络化的计算机信息系统。

第十六条　涉密系统采集、加工、存储、传输、检索的涉密信息要有密级标识和保密期限，密级标识和保密期限不得与正文分离。

第十七条　非涉密计算机信息系统不得采集、加工、存储、传输、检索涉密信息。

第十八条　任何单位和个人不得擅自超越涉密信息的访问权限，确需越权访问时，必须经涉密信息产生单位同意，并报有关保密工作部门备案。

第十九条 不得使用移动存储设备从涉密计算机向非涉密计算机复制数据。确需复制的，应当采取严格的保密措施，防止泄密；复制和传递涉密电子文档，应当严格按照复制和传递同等密级纸质文件的有关规定办理。

第五章 涉密设备与介质

第二十条 凡处理涉密信息的设备，只有在满足国家有关部门安全保密要求的条件下，方可在涉密系统中使用，并由运行维护部门登记后分别报信息化和保密工作机构备案。

第二十一条 涉密介质应按存储信息中最高密级等级标明密级，并严格管理，不得降低密级使用；严禁在非涉密系统中使用涉密介质。

第二十二条 涉密设备和介质应按密级文件保密要求进行编号、登记、使用、保管。报废的涉密设备和介质，按《涉及国家秘密载体的销毁与信息消除安全保密要求》（国保发［2007］12号）组织销毁，不得擅自销毁或随意丢弃。

第二十三条 不得擅自将存储涉密信息的设备与介质带到非涉密场所，出差携带涉密设备或介质时，应按携带密级文件的保密要求办理。

第二十四条 移动存储设备在接入涉密计算机信息系统之前，应当查杀病毒、木马等恶意代码，严防病毒等传播。鼓励采用密码技术等对移动存储设备中的信息进行保护。

第二十五条 存储涉密信息的设备或介质需要检修时，应当在本单位内部现场进行，并有专人在场监修，严禁维修人员读取和复制涉密信息。确需送修的，应当拆除涉密信息存储部件。涉密计算机及相关设备存储数据的恢复，必须由国家保密工作部门指定的具有涉密数据恢复资质的单位进行。维修后的涉密设备或介质投入使用前必须进行安全检查。

第二十六条　不得擅自更改涉密设备的用途及网络接口。凡需更改用途和接口的，必须报经信息和保密工作机构批准，并彻底清除设备中的涉密信息。

第二十七条　计算机信息系统应当积极使用国产软硬件产品，公文处理软件、信息安全产品等原则上应当使用国产产品。

第六章　涉 密 场 所

第二十八条　涉密信息处理场所应按国家有关规定，与境外机构驻地、人员住所保持相应的安全距离，并采取防电磁辐射泄漏等安全保密措施。

第二十九条　对涉密信息场所中的关键部位，保密工作机构应会同有关部门，定期进行保密安全检查。

第三十条　涉密信息处理场所应根据涉密程度和有关规定设立控制区，未经管理部门批准无关人员不得进入。因工作需要进入涉密信息处理场所的人员，应经管理部门批准，办理登记手续后，由指定专人陪同进入。

第三十一条　涉密场所的其它物理安全要求应符合国家有关保密标准。

第七章　涉密系统运行管理

第三十二条　涉密系统运行维护部门，应在保密工作机构的指导下，负责制定安全保密工作细则，认真实施，严格管理，并经常对技术管理人员进行安全保密教育。

第三十三条　涉密系统的使用单位应根据系统所处理的信息涉密等级和重要性制订相应的管理制度。

第三十四条　计算机的使用管理应当符合下列要求：

（一）对计算机及软件安装情况进行登记备案，定期核查；

（二）设置开机口令，长度不得少于8个字符，并定期更换，防止口令被盗；

（三）安装防病毒等安全防护软件，并及时进行升级；

（四）不得安装、运行、使用与工作无关的软件；

（五）严禁使用含有无线网卡、无线鼠标、无线键盘等具有无线互联功能的设备处理涉密信息。

第三十五条 未经本单位保密工作机构的许可，任何人不得擅自公开涉密系统的安全保密方案及安全保密措施。

第三十六条 任何单位和个人发现计算机信息系统泄密后，应立即采取补救措施，并及时向上级和保密工作机构报告。

第八章 人员管理

第三十七条 保密工作机构应对涉密系统的使用人员定期进行保密教育和培训。

第三十八条 涉密系统的运行维护人员，要经过审查，并保持相对稳定。要自觉遵守保密守则，严禁利用工作之便擅自查阅、存取涉密信息；严禁擅自更改涉密信息访问权限。

第三十九条 计算机使用人员离岗离职，信息化运行管理机构应当即时取消其计算机信息系统访问授权，收回计算机、移动存储设备等相关物品。

第九章 非涉密系统的管理

第四十条 在非涉密系统上发布信息，坚持“谁提供、谁负责”和“谁主管、谁负责”的原则。提供上网信息的单位负责信息的保密审查，并经其主管领导审批后，才可对外提供，确保涉密信息不上网、上网信息不涉密。

第四十一条　在非涉密系统中使用电子邮件等方式进行网上信息交流时，不得传递、摘抄或变相泄露涉密信息。

第四十二条　将互联网上的信息复制到处理内部信息的系统时，应当采取严格的技术防护措施，查杀病毒、木马等恶意代码，严防病毒等传播。严格限制从互联网向涉密信息系统复制数据。确需复制的，应当严格按照国家有关保密标准执行。

第四十三条　各级保密工作机构要加强对连接国际互联网计算机的保密检查，发现问题认真查处，及时消除失泄密隐患。

第四十四条　要加强对与互联网联接的信息网络的管理，采取有效措施，防止违规接入，防范外部攻击，并留存互联网访问日志。

第四十五条　使用非涉密系统的单位和个人，应主动接受并配合保密工作机构实施保密监督、检查，协助查处泄密事件。发现泄密事件，应及时采取防范或补救措施并向保密工作机构和相关管理部门报告。

第十章　涉密系统管理责任及监督检查

第四十六条　涉密系统的保密管理应实行领导负责制，并指定有关部门和人员具体承办。各单位的保密工作机构协助本单位领导对涉密系统的保密工作进行指导、协调、监督和检查。

第四十七条　各级保密工作机构应依照有关法规和标准经常对本单位的涉密系统进行保密检查；部保密工作机构要会同有关单位，每年至少对部机关及部属单位计算机信息进行一次保密检查，发现问题及时查处，堵塞漏洞。

第四十八条　各单位要与重点岗位的计算机使用人员签订安全保密责任书，明确安全和保密要求与责任。

第四十九条 任何单位和个人发现计算机信息系统泄密后。应立即采取补救措施，并及时向上级和保密工作机构报告。

第十一章 奖 惩

第五十条 各单位应对在涉密系统保密工作中做出以下显著成绩的部门和人员给予表彰奖励。

（一）认真遵守国家及交通部颁发的有关法律、法规，在日常工作中自觉执行保密规章制度，成绩突出者；

（二）及时发现泄密事故苗头，采取果断措施，避免泄密事故发生者。

第五十一条 违反本规定，有下列情形之一的，对当事人给予通报批评或行政处分，触犯刑法的依法追究刑事责任，同时追究单位有关部门主管领导的责任。

（一）未按保密规定规划、建设涉密系统的；

（二）涉密系统未经保密部门审查验收合格即投入使用的；

（三）将涉密系统与非涉密系统连接或其它各种违反保密规定使用涉密系统的；

（四）未经批准，越权访问、调阅、使用、修改、复制涉密信息的；

（五）从涉密系统中访问获取的涉密信息，未及时标明相应密级等级而造成泄密的；

（六）在非涉密网处理涉密信息的；

（七）其他造成泄密和系统安全隐患的。

第五十二条 凡违反本规定，造成严重泄密的涉密系统，保密工作机构有权责令其停止使用，限期整改。经保密及信息化工作机构共同验收合格后，才可重新使用。

第十二章 附　　则

第五十三条 各省、自治区、直辖市交通厅（委）、新疆生产建设兵团交通局及计划单列市交通局（委）等与部相连的计算机信息系统的保密管理，按照本规定执行。

第五十四条 各省、自治区、直辖市交通厅（委）、新疆生产建设兵团交通局及计划单列市交通局（委），部机关及部属各单位可根据本单位的实际情况制定计算机信息系统保密管理实施细则。

第五十五条 本规定由交通部负责解释。

第五十六条 本规定自发布之日起试行。《交通系统涉密计算机信息系统保密管理暂行规定》（交办发［2001］131号），《交通系统计算机信息系统国际联网保密管理暂行办法》（交办发［2001］132号）同时废止。

文件 19

交通运输部便携式计算机保密管理暂行规定

（2011 年 7 月 4 日交通运输部办公厅印发　厅办字［2011］138 号）

第一条　为加强交通运输部便携式计算机安全保密管理，根据《交通部计算机信息系统安全保密管理规定》制定本规定。

第二条　本规定适用于交通运输部机关。

第三条　便携式计算机的保密管理坚持“谁主管、谁负责，谁使用、谁负责”的原则。使用人为直接责任人，使用人所在单位为直接负责任部门。

第四条　便携式计算机须严格按其用途确定其涉密或非涉密。处理涉密信息的便携式计算机（以下简称涉密便携式计算机）实行严格的申报、批准、备案制度。涉密便携式计算机投入使用须经本单位领导审核同意，向部保密办报批。获准后，须将有关信息送部保密办、科技司信息化管理处和部通信信息中心网络管理中心备案。

第五条　涉密便携式计算机不得处理绝密级信息。

第六条　涉密便携式计算机必须与互联网物理隔离。涉密便携式计算机不得与非涉密计算机信息系统混用。

第七条　涉密便携式计算机必须安装保密技术防护专用系统。

第八条　涉密便携式计算机必须设置开机密码并安装杀毒软件。

第九条　涉密便携式计算机不得安装无线网卡、无线鼠标、无线键盘、蓝牙、红外等无线传输装置，已带有无线网卡的，须经部通信信息中心网络管理中心拆除后方能用于处理涉密信息，不能拆除无线设备的便携式计算机不得用于存储、处理涉密信息。

第十条　涉密便携式计算机与非涉密便携式计算机及其外部设备必须严格区分，不得混用移动存储介质，不得共享打印、传真等外部设备。

第十一条　涉密便携式计算机须妥善保存在符合保密要求的办公场所。

第十二条　不得擅自将涉密便携式计算机带出办公场所，确因工作需要必须携带时，须经本单位领导批准，并清除与当次外出工作无关的涉密信息；外出时，应按同级涉密文件管理要求管理并使涉密便携式计算机始终处于安全有效控制状态。

第十三条　使用涉密便携式计算机的工作人员岗位发生变动时，须填写《涉密便携式计算机变更使用人登记表》（见附件 2），并将涉密便携式计算机交回部网络管理中心，由部网络管理中心清除机内涉密信息，并报部保密办和科技司信息化管理处备案。

第十四条　涉密便携式计算机必须粘贴统一标志。

第十五条　个人不得擅自将涉密便携式计算机送出维修，确须送出维修的，须填写《涉密便携式计算机维修、报废登记表》（见附件 3），由部网络管理中心拆除硬盘后送出维修。

第十六条　涉密便携式计算机必须由部统一采购，不得使用他人赠送或自购的便携式计算机处理涉密信息和工作秘密等内部信息。

第十七条　不得将涉密便携式计算机赠送、出售。

第十八条　涉密便携式计算机报废销毁时，须履行交接、销毁登记手续，送国家保密局销毁中心统一销毁。

第十九条　单位或个人发现涉密便携式计算机丢失、被盗或其他失控情况，要按规定立即报告本单位主管领导和部保密办。

第二十条 非涉密便携式计算机不得处理涉密信息及工作秘密等内部信息。

第二十一条 非涉密便携式计算机不得连接涉密网络或处理工作秘密等内部信息的网络。

第二十二条 对违反本规定造成失泄密的，依照有关法律法规追究责任。

第二十三条 部属单位便携式计算机保密管理可参照本规定执行。

第二十四条 本规定由交通运输部保密办负责解释。

第二十五条 本规定自印发之日起施行。

文件 20

交通部严防网络泄密“九不准”

（2007 年 10 月 16 日交通部印发　交办发［2007］555 号）

一、不准将涉密计算机与国际互联网或其它公共信息网连接。

二、不准在非涉密系统上存储、处理、传输涉密信息。

三、不准将移动存储介质在涉密系统和非涉密系统间混用。

四、不准在涉密计算机及非涉密计算机间共享打印机等设备。

五、不准将涉密设备和介质送非指定单位维修、销毁。

六、不准将涉密设备和介质赠送、出借、出售或丢弃。

七、不准在涉密计算机上使用无线网卡、无线鼠标、无线键盘等无线设备。

八、不准擅自携带涉密设备或介质出入公共场所或住所。

九、不准擅自在涉密计算机上安装软件。

文件 21

国家秘密定密管理暂行规定

(2014 年 3 月 9 日国家保密局印发　2014 年第 1 号令)

第一章　总　　则

第一条　为加强国家秘密定密管理,规范定密行为,根据《中华人民共和国保守国家秘密法》(以下简称保密法)及其实施条例,制定本规定。

第二条　本规定所称定密,是指国家机关和涉及国家秘密的单位(以下简称机关、单位)依法确定、变更和解除国家秘密的活动。

第三条　机关、单位定密以及定密责任人的确定、定密授权和定密监督等工作,适用本规定。

第四条　机关、单位定密应当坚持最小化、精准化原则,做到权责明确、依据充分、程序规范、及时准确,既确保国家秘密安全,又便利信息资源合理利用。

第五条　机关、单位应当依法开展定密工作,建立健全相关管理制度,定期组织培训和检查,接受保密行政管理部门和上级机关、单位或者业务主管部门的指导和监督。

第二章　定密授权

第六条　中央国家机关、省级机关以及设区的市、自治州一级的机关(以下简称授权机关)可以根据工作需要或者机关、单位申请作出定密授权。

保密行政管理部门应当将授权机关名单在有关范围内公布。

第七条　中央国家机关可以在主管业务工作范围内作出授予绝密级、机密级和秘密级国家秘密定密权的决定。省级机关可以在主管业务工作范围内或者本行政区域内作出授予绝密级、机密级和秘密级国家秘密定密权的决定。设区的市、自治州一级的机关可以在主管业务工作范围内或者本行政区域内作出授予机密级和秘密级国家秘密定密权的决定。

定密授权不得超出授权机关的定密权限。被授权机关、单位不得再行授权。

第八条　授权机关根据工作需要，可以对承担本机关定密权限内的涉密科研、生产或者其他涉密任务的机关、单位，就具体事项作出定密授权。

第九条　没有定密权但经常产生国家秘密事项的机关、单位，或者虽有定密权但经常产生超出其定密权限的国家秘密事项的机关、单位，可以向授权机关申请定密授权。

机关、单位申请定密授权，应当向其上级业务主管部门提出；没有上级业务主管部门的，应当向其上级机关提出。

机关、单位申请定密授权，应当书面说明拟申请的定密权限、事项范围、授权期限以及申请依据和理由。

第十条　授权机关收到定密授权申请后，应当依照保密法律法规和国家秘密及其密级的具体范围（以下简称保密事项范围）进行审查。对符合授权条件的，应当作出定密授权决定；对不符合授权条件的，应当作出不予授权的决定。

定密授权决定应当以书面形式作出，明确被授权机关、单位的名称和具体定密权限、事项范围、授权期限。

第十一条　授权机关应当对被授权机关、单位行使所授定密权情况进行监督，对发现的问题及时纠正。

保密行政管理部门发现定密授权不当或者被授权机关、单位对所授定密权行使不当的，应当通知有关机关、单位纠正。

第十二条 被授权机关、单位不再经常产生授权范围内的国家秘密事项，或者因保密事项范围调整授权事项不再作为国家秘密的，授权机关应当及时撤销定密授权。

因保密事项范围调整授权事项密级发生变化的，授权机关应当重新作出定密授权。

第十三条 中央国家机关、省级机关作出的授权决定和撤销授权决定，报国家保密行政管理部门备案。设区的市、自治州一级的机关作出的授权决定和撤销授权决定，报省、自治区、直辖市保密行政管理部门备案。

机关、单位收到定密授权决定或者撤销定密授权决定后，应当报同级保密行政管理部门备案。

第三章 定密责任人

第十四条 机关、单位负责人为本机关、本单位的定密责任人，对定密工作负总责。

根据工作需要，机关、单位负责人可以指定本机关、本单位其他负责人、内设机构负责人或者其他工作人员为定密责任人，并明确相应的定密权限。

机关、单位指定的定密责任人应当熟悉涉密业务工作，符合在涉密岗位工作的基本条件。

第十五条 机关、单位应当在本机关、本单位内部公布定密责任人名单及其定密权限，并报同级保密行政管理部门备案。

第十六条 机关、单位定密责任人和承办人应当接受定密培训，熟悉定密职责和保密事项范围，掌握定密程序和方法。

第十七条 机关、单位负责人发现其指定的定密责任人未依法履行定密职责的，应当及时纠正；有下列情形之一的，应当作出调整：

（一）定密不当，情节严重的；

（二）因离岗离职无法继续履行定密职责的；

（三）保密行政管理部门建议调整的；

（四）因其他原因不宜从事定密工作的。

第四章　国家秘密确定

第十八条　机关、单位确定国家秘密应当依据保密事项范围进行。保密事项范围没有明确规定但属于保密法第九条、第十条规定情形的，应当确定为国家秘密。

第十九条　下列事项不得确定为国家秘密：

（一）需要社会公众广泛知晓或者参与的；

（二）属于工作秘密、商业秘密、个人隐私的；

（三）已经依法公开或者无法控制知悉范围的；

（四）法律、法规或者国家有关规定要求公开的。

第二十条　机关、单位对所产生的国家秘密事项有定密权的，应当依法确定密级、保密期限和知悉范围。没有定密权的，应当先行采取保密措施，并立即报请有定密权的上级机关、单位确定；没有上级机关、单位的，应当立即提请有相应定密权限的业务主管部门或者保密行政管理部门确定。

机关、单位执行上级机关、单位或者办理其他机关、单位已定密事项所产生的国家秘密事项，根据所执行或者办理的国家秘密事项确定密级、保密期限和知悉范围。

第二十一条　机关、单位确定国家秘密，应当依照法定程序进行并作出书面记录，注明承办人、定密责任人和定密依据。

第二十二条　国家秘密具体的保密期限一般应当以日、月或者年计；不能确定具体的保密期限的，应当确定解密时间或者解密条件。国家秘密的解密条件应当明确、具体、合法。

除保密事项范围有明确规定外，国家秘密的保密期限不得确定为长期。

第二十三条 国家秘密的知悉范围应当在国家秘密载体上标明。不能标明的，应当书面通知知悉范围内的机关、单位或者人员。

第二十四条 国家秘密一经确定，应当同时在国家秘密载体上作出国家秘密标志。国家秘密标志形式为“密级★保密期限”、“密级★解密时间”或者“密级★解密条件”。

在纸介质和电子文件国家秘密载体上作出国家秘密标志的，应当符合有关国家标准。没有国家标准的，应当标注在封面左上角或者标题下方的显著位置。光介质、电磁介质等国家秘密载体和属于国家秘密的设备、产品的国家秘密标志，应当标注在壳体及封面、外包装的显著位置。

国家秘密标志应当与载体不可分离，明显并易于识别。

无法作出或者不宜作出国家秘密标志的，确定该国家秘密的机关、单位应当书面通知知悉范围内的机关、单位或者人员。凡未标明保密期限或者解密条件，且未作书面通知的国家秘密事项，其保密期限按照绝密级事项三十年、机密级事项二十年、秘密级事项十年执行。

第二十五条 两个以上机关、单位共同产生的国家秘密事项，由主办该事项的机关、单位征求协办机关、单位意见后确定。

临时性工作机构的定密工作，由承担该机构日常工作的机关、单位负责。

第五章 国家秘密变更

第二十六条 有下列情形之一的，机关、单位应当对所确定国家秘密事项的密级、保密期限或者知悉范围及时作出变更：

（一）定密时所依据的法律法规或者保密事项范围发生变化的；

（二）泄露后对国家安全和利益的损害程度发生明显变化的。

必要时，上级机关、单位或者业务主管部门可以直接变更下级机关、单位确定的国家秘密事项的密级、保密期限或者知悉范围。

第二十七条　机关、单位认为需要延长所确定国家秘密事项保密期限的，应当在保密期限届满前作出决定；延长保密期限使累计保密期限超过保密事项范围规定的，应当报规定该保密事项范围的中央有关机关批准，中央有关机关应当在接到报告后三十日内作出决定。

第二十八条　国家秘密知悉范围内的机关、单位，其有关工作人员不在知悉范围内，但因工作需要知悉国家秘密的，应当经机关、单位负责人批准。

国家秘密知悉范围以外的机关、单位及其人员，因工作需要知悉国家秘密的，应当经原定密机关、单位同意。

原定密机关、单位对扩大知悉范围有明确规定的，应当遵守其规定。

扩大国家秘密知悉范围应当作出详细记录。

第二十九条　国家秘密变更按照国家秘密确定程序进行并作出书面记录。

国家秘密变更后，原定密机关、单位应当及时在原国家秘密标志附近重新作出国家秘密标志。

第三十条　机关、单位变更国家秘密的密级、保密期限或者知悉范围的，应当书面通知知悉范围内的机关、单位或者人员。有关机关、单位或者人员接到通知后，应当在国家秘密标志附近标明变更后的密级、保密期限和知悉范围。

延长保密期限的书面通知，应当于原定保密期限届满前送达知悉范围内的机关、单位或者人员。

第六章　国家秘密解除

第三十一条　机关、单位应当每年对所确定的国家秘密进行审核，有下列情形之一的，及时解密：

（一）保密法律法规或者保密事项范围调整后，不再属于国家秘密的；

（二）公开后不会损害国家安全和利益，不需要继续保密的。

机关、单位经解密审核，对本机关、本单位或者下级机关、单位尚在保密期限内的国家秘密事项决定公开的，正式公布即视为解密。

第三十二条　国家秘密的具体保密期限已满、解密时间已到或者符合解密条件的，自行解密。

第三十三条　保密事项范围明确规定保密期限为长期的国家秘密事项，机关、单位不得擅自解密；确需解密的，应当报规定该保密事项范围的中央有关机关批准，中央有关机关应当在接到报告后三十日内作出决定。

第三十四条　除自行解密的外，国家秘密解除应当按照国家秘密确定程序进行并作出书面记录。

国家秘密解除后，有关机关、单位或者人员应当及时在原国家秘密标志附近作出解密标志。

第三十五条　除自行解密和正式公布的外，机关、单位解除国家秘密，应当书面通知知悉范围内的机关、单位或者人员。

第三十六条　机关、单位对所产生的国家秘密事项，解密之后需要公开的，应当依照信息公开程序进行保密审查。

机关、单位对已解密的不属于本机关、本单位产生的国家秘密事项，需要公开的，应当经原定密机关、单位同意。

机关、单位公开已解密的文件资料，不得保留国家秘密标志。对国家秘密标志以及属于敏感信息的内容，应当作删除、遮盖等处理。

第三十七条　机关、单位对拟移交各级国家档案馆的尚在保密期限内的国家秘密档案，应当进行解密审核，对本机关、本单位产生的符合解密条件的档案，应当予以解密。

已依法移交各级国家档案馆的属于国家秘密的档案，其解密办法由国家保密行政管理部门会同国家档案行政管理部门另行制定。

第七章　定密监督

第三十八条　机关、单位应当定期对本机关、本单位定密以及定密责任人履行职责、定密授权等定密制度落实情况进行检查，对发现的问题及时纠正。

第三十九条　机关、单位应当向同级保密行政管理部门报告本机关、本单位年度国家秘密事项统计情况。

下一级保密行政管理部门应当向上一级保密行政管理部门报告本行政区域年度定密工作情况。

第四十条　中央国家机关应当依法对本系统、本行业的定密工作进行指导和监督。

上级机关、单位或者业务主管部门发现下级机关、单位定密不当的，应当及时通知其纠正，也可以直接作出确定、变更或者解除的决定。

第四十一条　保密行政管理部门应当依法对机关、单位定密工作进行指导、监督和检查，对发现的问题及时纠正或者责令整改。

第八章　法 律 责 任

第四十二条　定密责任人和承办人违反本规定，有下列行为之一的，机关、单位应当及时纠正并进行批评教育；造成严重后果的，依纪依法给予处分：

（一）应当确定国家秘密而未确定的；

（二）不应当确定国家秘密而确定的；

（三）超出定密权限定密的；

（四）未按照法定程序定密的；

（五）未按规定标注国家秘密标志的；

（六）未按规定变更国家秘密的密级、保密期限、知悉范围的；

（七）未按要求开展解密审核的；

（八）不应当解除国家秘密而解除的；

（九）应当解除国家秘密而未解除的；

（十）违反本规定的其他行为。

第四十三条　机关、单位未依法履行定密管理职责，导致定密工作不能正常进行的，应当给予通报批评；造成严重后果的，应当依法追究直接负责的主管人员和其他直接责任人员的责任。

第九章　附　　则

第四十四条　本规定下列用语的含义：

（一）“中央国家机关”包括中国共产党中央机关及部门、各民主党派中央机关、全国人大机关、全国政协机关、最高人民法院、最高人民检察院，国务院及其组成部门、直属特设机构、直属机构、办事机构、直属事业单位、部委管理国家局，以及中央机构编制管理部门直接管理机构编制的群众团体机关；

（二）"省级机关"包括省（自治区、直辖市〉党委、人大、政府、政协机关，以及人民法院、人民检察院；

（三）"设区的市和自治州一级的机关"包括地（市、州、盟、区）党委、人大、政府、政协机关，以及人民法院、人民检察院，省（自治区、直辖市）直属机关和人民团体，中央国家机关设在省（自治区、直辖市）的直属机构，省（自治区、直辖市）在地区、盟设立的派出机构；

（四）第九条所指"经常"，是指近三年来年均产生六件以上国家秘密事项的情形。

第四十五条　各地区各部门可以依据本规定，制定本地区本部门国家秘密定密管理的具体办法。

第四十六条　公安、国家安全机关定密授权和定密责任人确定的具体办法，由国家保密行政管理部门会同国务院公安、国家安全部门另行制定。

第四十七条　本规定自公布之日起施行。1990 年 9 月 19 日国家保密局令第 2 号发布的《国家秘密保密期限的规定》和 1990 年 10 月 6 日国家保密局、国家技术监督局令第 3 号发布的《国家秘密文件、资料和其他物品标志的规定》同时废止。